都市ごみ処理システムの分析・計画・評価
―マテリアルフロー・LCA評価プログラム―

松藤敏彦 著

技報堂出版

まえがき

　「循環型社会」がごみ処理の目指すべき姿とされ，さまざまな取り組みが国，自治体レベルで進められている．循環型社会基本法では「天然資源消費の抑制」「環境負荷の低減」が目的として掲げられているが，現実に起きていることは，その目的を達成する手段のひとつであるリサイクルの促進であり，大量消費・大量廃棄から，大量リサイクル社会に向かっているとの批判もある．自治体は収集費用の増加に悩まされている．経済的に無理をして進めているリサイクルが，どれだけ天然資源消費削減，環境負荷低減につながっているのか．分別・収集・処理の数多くの選択肢の中から，どのような基準でごみ処理方法を決めればよいのか．こうした疑問を残したまま，国の施策，他自治体の動向に従って，あるいは過去の方法の延長として，ごみ処理が行われているのが現状ではないだろうか．

　「どのような廃棄物処理を目指すべきなのか」．それには，以下のアプローチが必要であると考えている．

　第一に，"目的"を明確にし，それを定量的に表す指標を定めること．「資源率の向上」を目的とするなら「資源化率」を指標とし，コストをできるだけ削減したいなら「資源化率」と「処理コスト」の2つの指標を用いればよい．環境負荷でもよい．指標の選び方は，国で統一する必要はなく，それぞれが選択すればよい．重要なのは，定量的「指標」によって目的（目指すべき方向性）を明確に表現し，それらを座標軸として意思決定を行うことである．

　第二に，廃棄物処理を"システム"として捉えること．廃棄物処理には収集，中間処理などのさまざまな要素が含まれている．例えば厨芥を分別収集し，バイオガス化を行うとき，バイオガス化施設の性能にばかり注目しがちであるが，厨芥の分別によって可燃ごみの質・量が変化し，焼却処理に影響を与え，また分別数の増加のため収集が変化する．バイオガス化によってエネルギーが回収できたとしても，収集，焼却でのマイナスが回収量を上回るのでは全体として望ましい選択とはいえない．目指すべきなのは，定めた座標軸のもとで，よりよい「処理システム」を見出すことである．

筆者は1994年頃より発生から最終処分までのデータの収集を開始し，都市ごみ処理評価のプログラムを1998年に作成して，研究室ホームページに掲載した．その動機は「ごみ流れ」の記述であった．都市ごみの量は自治体によって大きな差がある．しかし調べてみると，「家庭系ごみ収集量が多いのは事業系ごみの混入を認めている自治体である」，「資源ごみ収集量が少なくても集団回収で収集されている」などのことがわかってきた．中間処理は分別方法や事業系ごみの扱いによって対象ごみが変化し，ひいては最終処分量にも影響する．そのため，ごみの発生からの都市ごみフローを明らかにしたいと考えたのである．

　その後EXCEL版に修正し，処理施設の追加などの改良を行った．旧プログラムは「北大モデル」としてしばしば引用されていたが，EXCEL版にもバグ（間違い）がしばしば見つかり，完全な公開をためらっていた．しかし，「循環型社会というイメージのみが先行し，本来目指すべき姿に近づいていない」との苛立ちを感じるようになり，正式な出版物として公開することにした．幸い，LCA（ライフサイクルアセスメント）にも興味を持っていたため，物質フローをもとに二酸化炭素排出量，エネルギー消費量を計算しており，従来から重要な指標であったコストも算出していた．前2者は地球環境影響，天然資源消費の代表指標といえ，上に述べた「望ましい廃棄物処理システムを見出す」ためのツールになると考えたからである．

　本書は，本年3月に急逝された北海道大学工学研究科・田中信壽先生の力なしには世に出ることはなかった．処理施設のうち，特に焼却，埋立の計算方法の主要部は先生の提案によるものだし，本年2月にはご自身の報告書作成のためもあって，詳細なプログラムチェックをして下さった．それを基にプログラムを修正し，ようやく本としてまとめるとの決心がついた．ここに謹んで出版を報告し，深く感謝したい．またデータ収集，プログラムの作成にあたっては，研究室の多くの学生の協力を得た．プログラム名に「北大」と入れたのは，研究室の研究成果と考えたからである．

　プログラムにはまだ間違いがあるかもしれないが，ぜひ多くの方に使っていただきたい．廃棄物処理システムにおける物質フローを理解し，システム全体としての評価を行ってみてほしい．そして，「循環型社会」にふさわしい廃棄物処理システムを作り上げるのに役立つことを願う．

2005年11月

著者

目　次

第1章　本書の概要

1.1　本書の背景 1
1.2　ごみ処理システム評価の必要性 2
1.3　プログラムの概要 3
　　1.3.1　評価の範囲 3
　　1.3.2　マテリアルフローの表し方 4
　　1.3.3　廃棄物の特性 5
　　1.3.4　処理施設の設計と評価 7
　　1.3.5　デフォルト値の根拠 9

第2章　プログラムの流れと使用方法

2.1　プログラムの使用方法（最小限の操作） 11
2.2　排出ごみの設定方法と考え方 13
　　2.2.1　家庭系ごみ 14
　　2.2.2　事業系ごみ 18
　　2.2.3　使用データの変更 19
2.3　処理パラメータの設定 21
　　2.3.1　パラメータの設定方法 21
　　2.3.2　物　質　収　支 22
2.4　収集輸送パラメータの設定 25
　　2.4.1　パラメータの設定方法 25
　　2.4.2　中　継　輸　送 26
2.5　ライフサイクル評価結果の出力 27
2.6　プログラム構成 30

第3章 プログラムの詳細

- 3.1 資源選別施設 33
- 3.2 堆肥化施設 38
- 3.3 メタン発酵施設 42
- 3.4 RDF化施設 46
- 3.5 破砕処理施設 49
- 3.6 焼却施設 53
- 3.7 ガス化溶融施設 62
- 3.8 最終処分場 69
- 3.9 収集輸送 77

第4章 一般廃棄物処理システムの分析と評価（演習）

- 4.1 本章の目的 85
- 4.2 家庭系ごみ流れの推定 85
  - 計算例（1） 87
  - 計算例（2） 89
- 4.3 事業系ごみ流れの推定 91
  - 計算例（3） 92
- 4.4 中間処理・埋立の計算 93
- 4.5 収集輸送の計算 95
  - 計算例（4） 95
- 4.6 処理システムの検討 96

添付 CD-ROM

1) H-IWM（北大・総合廃棄物処理評価プログラム）
2) 事業所種類別ごみ量推定プログラム
3) 「都市ごみの総合管理を支援する評価計算システムの開発に関する研究」報告書

第1章 本書の概要

1.1 本書の背景

わが国のごみ処理は，可燃物の焼却率を高めることを大きな目標としてきた．この方針は1900年の汚物掃除法において，伝染病を予防する衛生的な処理方法として焼却が推奨されたことに始まる．焼却優先の方針は戦後も変わらず，高度成長期におけるごみの増大に対応し，処理施設建設のために国庫補助制度が作られてからは，焼却施設建設が推進された．汚物掃除法以来，ごみ処理は市町村の責務とされ，発生したごみを市町村内で処理する自区内処理原則のため，各市町村は，自前の焼却施設を持つのが普通となり，自治体数3000あまりに対して一般廃棄物焼却施設数が2000という焼却大国となった．焼却を容易にするために，他の国では見られない不燃ごみ分別が行われ，可燃ごみは焼却，不燃ごみと焼却残渣を埋め立てることが，大部分の自治体で行われてきた．市町村においては，施設整備の推進が大きな目標であった．

ところが，1990年代後半に焼却施設からのダイオキシン発生，埋立地しゃ水の信頼性低下，不法投棄の増大などの問題によって，廃棄物処理施設建設に対する住民の反対が強まり，特に埋立処分場の建設が困難となったことから，ごみ処理の抜本的な見直しが必要となった．これまでの大量消費・大量廃棄，後始末的であった社会システムを，処理に至るまでの廃棄物減量，資源化・再利用を進めて天然資源消費の抑制，環境負荷の低減をはかろうとする循環型社会への転換である．循環型社会形成推進基本法と，容器包装，家電製品など個別リサイクル法の制定により，具体的な取り組みが始められた．これによって，従来の焼却中心，施設整備中心のごみ処理計画は，大きな転換を迫られることになった．すなわち

1) 循環型社会にふさわしいごみ処理のため，さまざまな処理方法が提案され，選択すべきオプション数が増大した．
2) 環境負荷を小さくすることがごみ処理の評価基準となった．また，高度な処理に伴う処理費増大のため，コスト低減が現実的な制約となってきた．

のである．

「どのようなごみ処理方法を選択すべきか」．これに対する答えは総合的廃棄物処理（IWM：Integrated Waste Management）のアプローチによってのみ得られる．IWMとは，すべての廃棄物，収集，処理，処分をひとつの「システム」とし，コスト，環境影響などを最小化するための要素選択，設計を行う考え方である．ごみ処理においては，例えば容器包装リサイクルにおいてその収集率，資源化率の向上のみを目的とするように，システムの「一

部」に集中した対策が行われがちである．しかしその対策が，ごみ処理システム全体としての環境性能，コストをどれだけ向上させるかは，考慮されないことが多い．「システム全体の改善」が，IWM の目標である．

1.2 ごみ処理システム評価の必要性

　上記の目的を果たすには，ごみ処理システム全体を評価する必要がある．筆者が昨年翻訳した「持続可能な廃棄物処理のために[1]」（原題 "Integrated Solid Waste Management: a Life Cycle Inventory[2]"）は，まさにその考え方を書いた本である．LCA（ライフサイクルアセスメント）は，もともと製品の資源採掘から廃棄までのライフサイクルにわたる環境負荷発生を総合的に評価する手法であるが，この手法を廃棄物処理にどのように適用するのかを丁寧に説明している．また，IWM の考え方と必要性について，豊富な事例を含めて説明し，計算事例も紹介されている．IWM を評価するためのプログラムが CD-ROM で添付されており，第 3 部はその説明であった．

　同様な LCA プログラムは，米国 EPA なども開発しているが，筆者も 1995 年頃から同様な研究を行ってきた．1998 年には報告書を作成し，ホームページ上にプログラムを掲載し，「北大モデル」と呼ばれて廃棄物処理の評価に利用されてきた．しかし，以下のような修正の必要があった．

1) ガス化溶融，メタン発酵など，いくつかの処理方法が実際に使用されるようになった．一方で，自治体による資源回収が広がり，不燃ごみのみを処理する施設はなくなった．
2) プログラムは Visual Basic で作成したが，利用のためにソフトウェアの購入が必要であり，データの入出力が難しいとの問題があった．

　そこで，汎用ソフトである Microsoft Excel でプログラムを書き換え，処理プロセスの追加を行った．このプログラムには，以下のような特徴がある．

（1）データの明示
　－使用するデータは，すべてエクセルシート上で見ることができる．
　－ごみの発生量，組成，施設設計のためのパラメータなどの，データベースとしての意味をもっている．
　－計算結果および主な中間値を，シート上で見ることができる．

（2）プログラムの操作性
　－使用する数値にはすべて既定値（デフォルト値）が与えられており，ごみの分別方法と処理方法を選択するだけで処理システムの計算が行える（特別な知識を必要としない）．
　－プログラムを，部分的に使用することができる（例えば，処理ごみを与えて焼却の

---

[1] 松藤敏彦（訳）：持続可能な廃棄物処理のために－総合的アプローチと LCA の考え方－，技報堂出版，2004
[2] F. McDaugall, P. White, M. Franke, P. Hindle: Integrated Solid Waste Management: a Life Cycle Inventory, Blackwell Publishing, 2001.

み，収集のみの計算が可能である）．
(3) さまざまな結果の表示
－ごみのマテリアルフロー（発生～分別～中間処理～最終処分）
－ごみの特性（組成，三成分，発熱量）
－施設の概略設計値
－処理施設別のコスト，エネルギー消費量，二酸化炭素排出量

1.3 プログラムの概要

1.3.1 評価の範囲

家庭から発生するごみの処理は自治体によって行われているが，その流れは図 1-1 のように描くことができる．

1) 家庭で発生する不用物のうち，一部は販売店への返却，集団回収，業者回収などの方法で資源化される．（プレリサイクル）
2) 厨芥，紙くずは家庭で堆肥化，焼却されることがある．（自家処理）
3) プレリサイクル，自家処理されなかった不用物はごみとしていくつかの種類に分別され，自治体によって収集される．（収集）
4) 収集された各種のごみは，ごみの種類に対応して処理される．（中間処理）（中間処理残渣の焼却のように 2 段階の中間処理を経ることもある．）
5) 家庭から発生した一部のごみおよび中間処理施設からの残渣は埋め立てされる．（最終処分）
6) 事業活動から発生するごみの一部も自治体の中間処理施設・最終処分場へ搬入される．

以上，発生から最終処分までの「一般廃棄物処理システム」を対象とする．

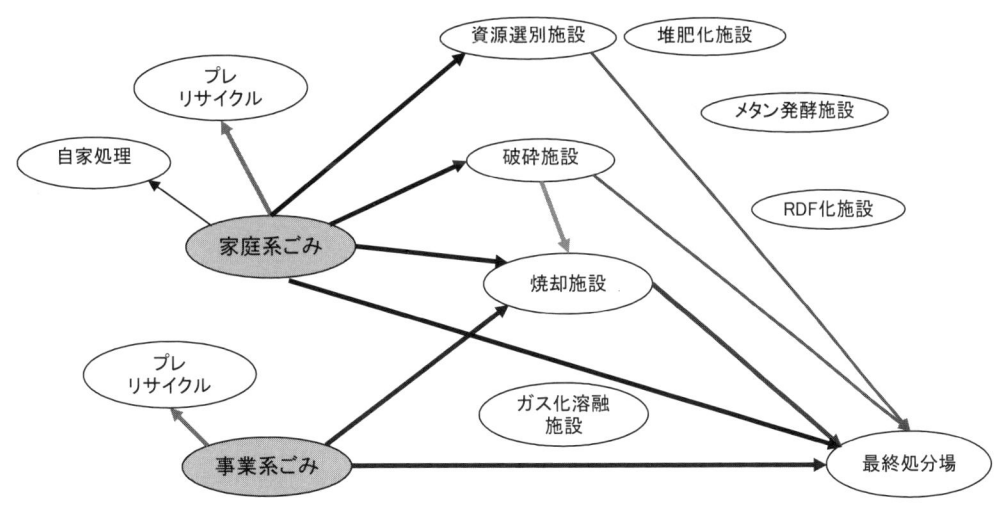

図 1-1 不要物発生から最終処分までのごみ流れ (対象範囲)

1.3.2 マテリアルフローの表し方

ごみの組成分類方法としては，伝統的に
　①厨芥，②紙類，③繊維類，④プラスチック，
　⑤ゴム・皮革，⑥金属類，⑦ガラス・陶磁器類，
　⑧草・木，⑨粗大物

のように分けることが多い．しかし資源ごみ収集において紙は新聞紙，雑誌，段ボールに分けられ，飲料缶もスチール缶，アルミ缶に分けられる．さらに1997年以降，容器包装リサイクル法により，プラスチックのうち PET ボトル，その他のプラスチック容器包装など，分別種類が多様になった．分別方法と，分別後のごみ処理方法には数多くの選択肢があり，その中からより望ましいものを見出す必要がある．この目的のため，図 1-2 のようにごみ組成を決めた．

① 紙類

　　資源回収が行われている「新聞紙」，「雑誌」，「飲料用紙パック」，「段ボール」のほか，容器リサイクル法の対象である「その他の紙製容器包装」を考えて，「紙箱・紙袋・包装紙」の組成を設けた．「上質紙」は，事業系でのみ考える．

厨芥	
紙類	新聞紙
	雑誌
	上質紙
	段ボール
	飲料用紙パック
	紙箱，紙袋，包装紙
	その他の紙（手紙、おむつ等）
布類	
プラスチック	PETボトル
	PETボトル以外のボトル
	パック・カップ、トレイ
	プラ袋
	その他のプラ（商品等）
金属類	スチール缶
	アルミ缶
	缶以外の鉄類
	缶以外の非鉄金属類
ガラス	リターナブルびん
	ワンウェイびん（カレット）
	その他のガラス
陶磁器類	
ゴム・皮革	
草木	
大型ごみ	繊維類（布団、カーペット等）
	木材（タンス、椅子等）
	自転車、ガスレンジ等
	小型家電製品
	大型家電製品

図 1-2　ごみ組成（28 分類）

② プラスチック類

　　「その他のプラスチック製容器包装」として，その形状から（形状で分別・回収の容易さが異なると考えられる）「PET 以外のボトル」，「パック，カップ，トレイ」「プラ袋（シート，緩衝材，雑包装を含む）」に細分した．

③ 金属類

　　「缶」を「スチール缶」と「アルミ缶」に，また「缶以外の鉄くず」を鉄類と非鉄類に細分した．

④ ガラスびん

　　「リターナブルびん」，「ワンウェイびん」，「その他のガラス」に細分した．

⑤ 粗大ごみ

　　家電製品を大型と小型に分けた．家電リサイクル法対象品目の冷蔵庫，洗濯機，テレビなどは「大型家電製品」である．

容器包装リサイクル法施行に伴って，多くの自治体でごみの細組成分析が行われた．しかし，計算にあたっては不必要に組成を細かく分けることで逆に煩雑さが増し，組成ごとの特性値データも不足している．都市ごみ処理の計算には，上記の 28 種類程度で十分と考えている．

1.3.3 廃棄物の特性

(1) ごみ量

1.3.2 で設定した組成を上付き添え字「i」，組成ごとの一人一日当たりの量 w^i [g/(人・日)] で表すと，人口を P [人] の年間ごみ量 Q [トン/年] は

$$Q = 365 \times 10^{-6} \times P \times \sum w^i \tag{1.1}$$

で計算される．

(2) ごみの特性

組成ごとの湿ベースの重量を q^i [トン/年]，特性値を x^i，かさ密度を ρ^i [トン/m³] とすると，ごみの特性は

$$\text{特性値} \quad \sum x^i q^i / \sum q^i \tag{1.2}$$

$$\text{ごみの容積（年合計）[m}^3\text{/年]} \quad \sum (q^i/\rho^i) \tag{1.3}$$

で計算できる．特性値とは水分，灰分，元素含有量（C, H, O など）であり，シート【D_Common】（図 **1-3**）に示されている．式 (1.2) で計算されるごみの特性値から，低位発熱量（燃焼時に発生する水分がすべて蒸発するとした発熱量）は都市ごみに対して最も合うといわれる Steuer の式により，次式で計算する．

$$H_L = 8\,100 \cdot C + 28\,850 \cdot H - 3\,040 \cdot O + 2\,250 \cdot S - 600 \cdot W \quad [\text{kcal/kg}] \tag{1.4}$$

ごみ処理においては重量よりも容積が処理効率に影響する．ごみの収集は，圧縮機能をもつ機械式収集車（パッカー車）で行われる場合が多いため，排出時のかさ密度 ρ_D に圧縮率 ξ_C をかけて収集時のごみ容積を求める．

$$\text{ごみの容積（年合計）} \quad \sum (q^i/(\xi_C^i \rho_D^i)) \tag{1.5}$$

また破砕施設では，大型ごみが破砕されることによって，埋立地では重機の走行によって，やはりかさ密度が増加する．収集，破砕による圧縮率は図 **1-3** に，埋立地における圧縮は図 **3-14** に示す．

(3) ごみの選別・混合

ごみは発生源において，あるいは処理施設において異なる廃棄物フローへ「分配」される．前者は，家庭での分別，資源回収などであり，後者は資源選別施設での資源と残渣への分離などである．例えば，資源選別施設での品目別回収率を $r_i[-]$ とすると

$$\text{回収物量} \quad \sum r^i q^i, \quad \text{選別残渣量} \quad \sum (1-r^i) q^i \tag{1.6}$$

である（**3.1.2** 参照）．堆肥化における組成ごとの分解率も同様に表す．

一方，焼却施設，埋立地へは，異なった種類のごみ，あるいは中間処理施設残渣が搬入される．この場合は，組成ごとに重量を合計して q^i を求め，式 (1.2)(1.3)(1.4) によってごみの特性を計算する（**3.6.1** 参照）．

三成分、元素組成等(湿ベース[-])

組成	可燃分						A	W
	C	H	N	O	揮発性Cl	残留性Cl		
厨芥	0.064	0.009	0.004	0.050	0.000	0.000	0.023	0.85
新聞紙	0.389	0.056	0.003	0.380	0.004	0.001	0.067	0.1
雑誌	0.389	0.056	0.003	0.380	0.004	0.001	0.067	0.1
上質紙	0.389	0.056	0.003	0.380	0.004	0.001	0.067	0.1
段ボール	0.346	0.050	0.003	0.338	0.003	0.001	0.059	0.2
飲料用紙パック	0.260	0.037	0.002	0.254	0.002	0.000	0.045	0.4
紙箱、紙袋、包装紙	0.216	0.031	0.002	0.211	0.002	0.000	0.037	0.5
その他の紙(手紙、おむつ等)	0.216	0.031	0.002	0.211	0.002	0.000	0.037	0.5
布類	0.393	0.052	0.016	0.309	0.002	0.001	0.025	0.2
PETボトル	0.692	0.120	0.006	0.044	0.000	0.000	0.053	0.05
PETボトル以外のボトル	0.692	0.120	0.006	0.044	0.030	0.003	0.053	0.05
パック・カップ、トレイ	0.364	0.063	0.003	0.023	0.016	0.002	0.028	0.5
プラ袋	0.510	0.088	0.005	0.033	0.022	0.002	0.039	0.3
その他のプラ(商品等)	0.692	0.120	0.006	0.044	0.030	0.003	0.053	0.05
スチール缶	0	0	0	0	0	0	0.95	0.05
アルミ缶	0	0	0	0	0	0	0.95	0.05
缶以外の鉄類	0	0	0	0	0	0	0.99	0.01
缶以外の非鉄金属類	0	0	0	0	0	0	0.99	0.01
リターナブルびん	0	0	0	0	0	0	0.99	0.01
ワンウェイびん(カレット)	0	0	0	0	0	0	0.95	0.05
その他のガラス	0	0	0	0	0	0	0.99	0.01
陶磁器類	0	0	0	0	0	0	0.99	0.01
ゴム・皮革	0.517	0.063	0.039	0.150	0.000	0.000	0.081	0.15
草木	0.289	0.038	0.012	0.241	0.002	0.001	0.017	0.4
繊維類(布団、カーペット等)	0.567	0.088	0.013	0.223	0.015	0.002	0.040	0.05
木材(タンス、椅子等)	0.458	0.060	0.019	0.381	0.003	0.002	0.027	0.05
自転車、ガスレンジ等	0	0	0	0	0	0	0.95	0.05
小型家電製品	0.208	0.036	0.002	0.013	0.009	0.001	0.681	0.05
大型家電製品	0.208	0.036	0.002	0.013	0.009	0.001	0.681	0.05
焼却灰	0.038	0	0	0	0	0.007	0.735	0.22
薬剤処理後セメント固化物	0	0	0	0	0	0	0	0.1
溶融スラグ	0	0	0	0	0	0	0	0.08

かさ密度

組成	排出時 [t/m3]	収集車内 の圧縮率	収集時 [t/m3]	破砕によ る増加比	資源貯蔵 時[t/m3]	処理物 [t/m3]
厨芥	0.37	2	0.74	1	0.74	-
新聞紙	0.32	1.2	0.38	1	0.5	-
雑誌	0.32	1.2	0.38	1	0.5	-
上質紙	0.32	1.2	0.38	1	0.5	-
段ボール	0.11	3	0.33	1	0.5	-
飲料用紙パック	0.03	10	0.30	1	0.5	-
紙箱、紙袋、包装紙	0.04	8	0.32	1	0.5	-
その他の紙(手紙、おむつ等)	0.07	5	0.35	1	0.5	-
布類	0.11	2	0.22	1	0.3	-
PETボトル	0.03	3	0.09	1.5	0.25	-
PETボトル以外のボトル	0.04	3	0.12	1.5	0.12	-
パック・カップ、トレイ	0.01	5	0.05	1	0.05	-
プラ袋	0.02	10	0.20	1	0.2	-
その他のプラ(商品等)	0.07	3	0.21	1	0.21	-
スチール缶	0.08	2	0.16	1.5	0.75	-
アルミ缶	0.03	3	0.09	1.5	0.25	-
缶以外の鉄類	0.10	3	0.30	1.5	0.75	-
缶以外の非鉄金属類	0.02	5	0.10	1.5	0.1	-
リターナブルびん	0.76	1	0.76	1.5	0.76	-
ワンウェイびん(カレット)	0.30	1.2	0.36	1.5	0.4	-
その他のガラス	0.24	1.2	0.29	1.5	0.029	-
陶磁器類	0.31	1.2	0.37	1.5	0.37	-
ゴム・皮革	0.16	1.5	0.24	1.5	0.24	-
草木	0.13	2	0.26	1.5	0.26	-
繊維類(布団、カーペット等)	0.11	2	0.22	-	-	-
木材(タンス、椅子等)	0.05	2	0.10	-	-	-
自転車、ガスレンジ等	0.15	2	0.30	-	-	-
小型家電製品	0.15	2	0.30	-	-	-
大型家電製品	0.15	2	0.30	-	-	-
焼却灰	-	-	0.84	-	0.84	-
薬剤処理後セメント固化物	-	-	1.50	-	1.5	-
溶融スラグ	-	-	1.80	-	1.8	-

図 1-3 組成ごとの特性値([D_Common])

1.3.4 処理施設の設計と評価
(1) 計 算 手 順

計算は，図 1-4 の順で進める．

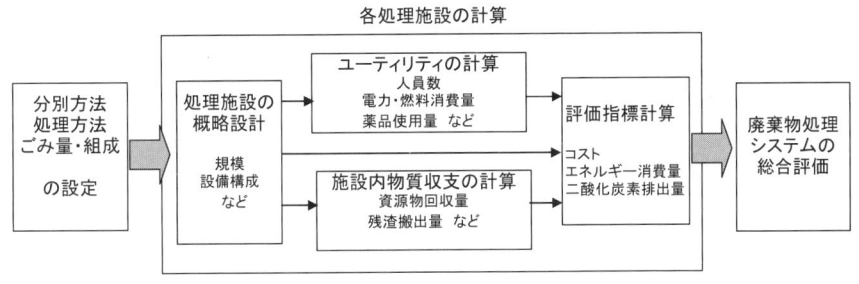

図 1-4 計算の手順

ごみ処理施設は，処理を行うごみ量，ごみ質（組成）に応じて設計しなければならない．詳細な設計は簡単ではないが，処理対象ごみが定まれば施設規模，設備構成などの概略設計は可能である．ただし，例えば焼却施設の場合にはどのような炉形式とするか，発電を行うか，排ガス処理規制値が厳しいか，などによって設計が変わるので，ユーザーが決めるべきパラメータを用意した．

設備構成が決定すると，施設の処理性能が決まり，資源物（堆肥化施設の堆肥生産量，RDF 化施設の RDF 生産量を含む）回収量，残渣発生量，その組成などの物質収支（マスバランス），および人員，電力・燃料使用量などのユーティリティが計算できる．焼却施設においては排ガス量，ガス組成，熱回収・発電量も計算する．

図 1-5 は処理施設に共通して用いる一人当たり人件費，稼働日数などのパラメータである．

黄色のセル値は変更可能				
β1 ごみ搬入量の最大月変動係数	―	1.2		
β2 年間稼働日数（一般/焼却/埋立）	日/年	310	365	310
β3 ひとり当たり人件費（職員/手選別）	千円/(人・年)	7,000	2,500	
β4 地価（埋立以外/埋立山間/埋立平地）千円/m2		25	1	5

図 1-5 処理施設共通パラメータ（【D_Common】）

(2) 評 価 方 法

以上の計算ののち，処理施設ごとのコスト，エネルギー消費量，二酸化炭素排出量を計算する．コストは，人件費，燃料費，電気代などのランニングコストと，施設建設費（イニシャルコスト）を計算する．エネルギー消費量，二酸化炭素排出量は，運転に必要な電力，燃料に関するものを直接消費量（排出量）とし，施設建設，機器製造，使用薬剤製造などに関するものを間接的消費量（排出量）として区別する．電力，燃料は，いずれも外部からの購入のみを消費量とする．二酸化炭素の直接排出量は，電力，燃料に由来するもののほか，有機物の燃焼，分解に伴う排出量も含めるが，バイオマス由来とその他を区別する（植物は成長過程で二酸化炭素を吸収し，それを再び環境に放出するにすぎないため二酸化炭素の増減に影響せず，カーボンニュートラルと呼ばれる）．

コスト，エネルギー消費量，二酸化炭素排出量は，電力消費量，薬品使用量などに図 1-6 の原単位を乗じて計算する．例えば，電力使用量に伴う二酸化炭素排出量は，電力消費量 [kWh] × 0.129 kg-C/kWh で得られる（C は炭素換算の意）．一方，資源物回収，エネルギー回収が行われる場合は，これらの製造に要する環境負荷，コストが削減される．これを削減量とし，図 1-7 を乗じて求める．回収物が逆有償ならば，Ψ_s を負値とする．以上の計算方法の考え方は，筆者の論文[3]で詳しく説明している．

	<原単位共通パラメータ>		エネルギー消費 ε Mcal/*	CO_2排出 θ kg-C/*	価格 ψ 千円/*
1	電力	kWh	2.25	0.129	0.02
2	重油	L	9.3	0.705	0.034
3	軽油	L	9.2	0.74	0.057
4	苛性ソーダ	t	2,348	150	70.8
5	硫酸	t	476	28	23.8
6	次亜塩酸ソーダ	t	899	52	266.7
7	集塵灰処理用キレート	t	24,469	725	450
8	洗煙排水処理用薬品	t	2,329	136	359.7
9	アンモニアガス	t	2,380	185	230
10	セメント	t	908	225	12
11	消石灰	t	530	299	20
12	水道水	m3	3.2	0.175	0.3
13	浸出水処理薬品	m3	0.514	0.029	0.018
14	土木工事	千円	18.6	1.54	0
15	土木・建築工事	千円	15.1	1.2	0
16	整備補修	千円	11.5	0.84	0
17	ブルドーザ	千円	11.4	0.818	32,000
18	コンパクタ	千円	11.4	0.818	50,000
19	ごみ収集車	千円	11.4	0.859	5,000
20	残渣輸送車	千円	11.4	0.859	6,000
21	中継車	千円	11.4	0.859	10,000
22	コンテナ	千円	11.4	0.859	4,000
23	氷硫／酢酸ソーダ	t	899	52	267
24	塩化鉄、高分子凝集剤	t	2,329	136	360
25	塩酸	t	2,348	150	24
26	石灰石	t	177	100	6.7
27	都市ガス	m3	10	0.58	0.0025

図 1-6 エネルギー消費量，二酸化炭素排出量の原単位（【D_Common】）

	<削減原単位共通パラメータ>		ε_S エネルギー消費削減	θ_S CO_2排出削減	ψ_S 価格
1	紙類	t	2,300	307	4
2	布類	t	530	40	0
3	PETボトル	t	2,820	438	0
4	びん	t	1,950	8	0
5	スチール缶	t	2,930	444	0
6	アルミ缶	t	50,200	1,524	60
7	堆肥	t	330	12	7
8	RDF	t	4,500	340	−10
9	電力	KWh	2	0.129	0.008
10	熱(蒸気、温水)	Mcal	1	0.076	0.004
11	溶融スラグ	t	22	1.6	0
12	回収Zn、Pb	t	3239	224.2	0
13	生成油	L	9.3	0.705	0.034
14	セメント原料	t	177	100	6.7
15	エコセメント	t	908	225	12
16	メタンガス回収	m3	10	0.58	0.0025
17	塩酸回収	L	2.348	0.15	0.0238

図 1-7 エネルギー消費量，二酸化炭素排出量の削減原単位（【D_Common】）

---

[3] 松藤敏彦，田中信寿：一般廃棄物処理システムのコスト・エネルギー消費量・二酸化炭素排出量評価手法の提案，土木学会論文集，No.678/VII-19, pp.49-60, 2001

1.3.5 デフォルト値の根拠

本プログラムでは数多くの数値をデフォルト値（既定値）として設定している．原単位の多くは文献より収集し，処理施設に関する数値は，アンケート調査，ヒアリング調査によって収集したものである．これらの詳細は，「都市ごみの総合管理を支援する評価計算システムの開発に関する研究」と題した報告書にまとめている．添付 CD-ROM に PDF ファイルが収録されているので，必要に応じて参照してほしい．同報告書 4-2 節に原単位の設定根拠，4-3～4-10 節に各処理に対して使用したパラメータ設定の根拠を示している．「付表」は各処理施設の調査データ，「ヒアリング」は処理パラメータの正当性を確認するために行った，実際に設計に携わっている実務者へのヒアリング内容である．報告書作成が 1998 年なのでデータ自体が古く，現在は数値が異なっているかもしれないが，考え方を理解するための参考としてほしい．なお，報告書作成後に内容の修正，ガス化溶融，メタン発酵の追加，原単位の追加などを行っており，それらのパラメータ設定の根拠は省略する．

第2章 プログラムの流れと使用方法

2.1 プログラムの使用方法（最小限の操作）

　都市ごみ処理の計算を行うには，数多くの数値が必要である．しかし，その多くはデータ収集・解析に大きな労力を要するか，処理施設の運転に関する数値のように専門的知識を必要とするものである．このプログラムではそれらの一般的な数値を既定値（デフォルト値）として設定し，以下の Step 1 → Step 2 → Step 3 の手順（図 **2-1** 参照）に従って容易に計算を進められるようにした．初めてこのプログラムを使用するユーザーは，まずデフォルト値を使って計算してみることを勧める．それによって，ごみ処理がどのような要素から構成されているか，どんな選択肢があるか，処理相互がどのように関連しているかを知ることができるだろう．

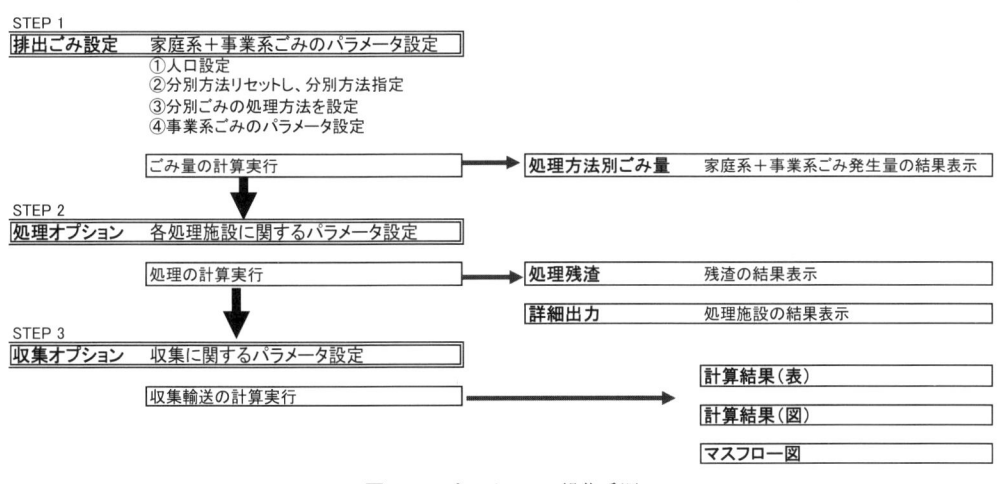

図 **2-1** プログラムの操作手順

　ある特定の自治体を対象としてごみ処理の現状分析，あるいは分別・処理・収集方法を変更したときの影響を知りたいことがあるだろう．このときは，まず自治体の現状を表すことができるようデフォルト値を調整する必要がある．この「微調整」によって対象自治体の「ごみ処理モデル」ができあがる．この手順の例は，第4章で説明する．本章では，基本的な使用方法を説明する．

　計算に最低限必要な手順は，下線部のみである．なお【　】は，シート名である．

Step 1 排出ごみの設定【排出ごみ設定】

　　ごみの分別方法，処理方法を設定する．

①人口を設定する．
②「分別方法のリセット」後，分別方法を選択する．
　　（処理ごみ量，中間処理残渣量をクリアするため）
③各ごみ種ごとの処理方法を設定する．
　注：複数のごみ種に，同じ処理は選択できない．後で選択した方が優先される（**2.2.1**(2)参照）．
④その他のパラメータを必要に応じて設定する．
⑤「計算実行（処理オプション設定へ）」をクリックする．（Step 2 へ進む）
　　（この時点で，処理施設へ搬入されるごみ量が【処理方法別ごみ量】に示される．）

Step 2 処理オプションの設定【処理オプション】
　①処理のパラメータを設定する．
　②必要に応じて，設定パラメータの保存，保存パラメータの呼び出しなどを行う．
　③「計算実行」をクリックする．（Step 3 へ進む）
　　（各処理施設から発生する残渣量が【処理残渣】に出力される．）

Step 3 収集オプションの設定【収集オプション】
　①ごみの種類ごとに収集パラメータを設定する．
　②「計算実行」をクリックする．

計算が終了すると，主な結果が以下のシートに出力される．
【マスフロー図】処理施設間の物質フロー
【計算結果(表)】処理施設別のマスバランス，エネルギー消費量など
【計算結果(図)】　　　　　同上
【処理方法別ごみ量】各処理施設へ搬入されるごみの組成と特性値（発生源別）
【ごみ組成(図)】各処理施設へ搬入されるごみの組成
【処理残渣】各処理施設から搬出される残渣組成と特性値，および物質回収量
【詳細出力】各処理の詳細な計算値

図 **2-2** はメニュー画面であり，上記の計算を進め，計算結果，および使用したデータを見ることができる．

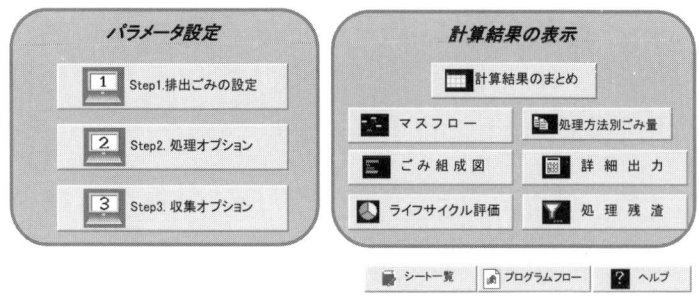

図 **2-2** メニュー画面【メニュー】

計算の繰り返し（再計算）

分別方法・処理方法を変更するときは，必ず Step 1 で「分別方法のリセット」を行う．
（分別方法，処理方法を変更すると各処理施設に搬入するごみ量・組成が変化する．以前に計算したごみ量，残渣量をクリアするために必要である．）

収集方法，処理パラメータを変更する場合は，Step 2, Step 3 の操作を行う．
（施設に搬入するごみ量は変わらないので，「分別方法のリセット」は必要ない）

設定値の保存

計算はエクセルファイル1つにまとめられている．ある条件で計算を行いたいならば，そのファイルに名前をつけて保存することで，さまざまな計算ファイルを作成できる．処理パラメータを設定したら，【処理オプション】中で「現在の設定値をユーザー値として保存」をクリックする．こうして保存したファイルを再度開くと，「ユーザー値」を利用して計算が行える．

プログラム中では，【HELP】シートに本節の内容を記載している．

2.2 排出ごみの設定方法と考え方（【排出ごみ設定】：図 2-3）

家庭系ごみ，事業系ごみの分別・収集方法，処理方法を設定し，処理方法別ごみ量を計算する．

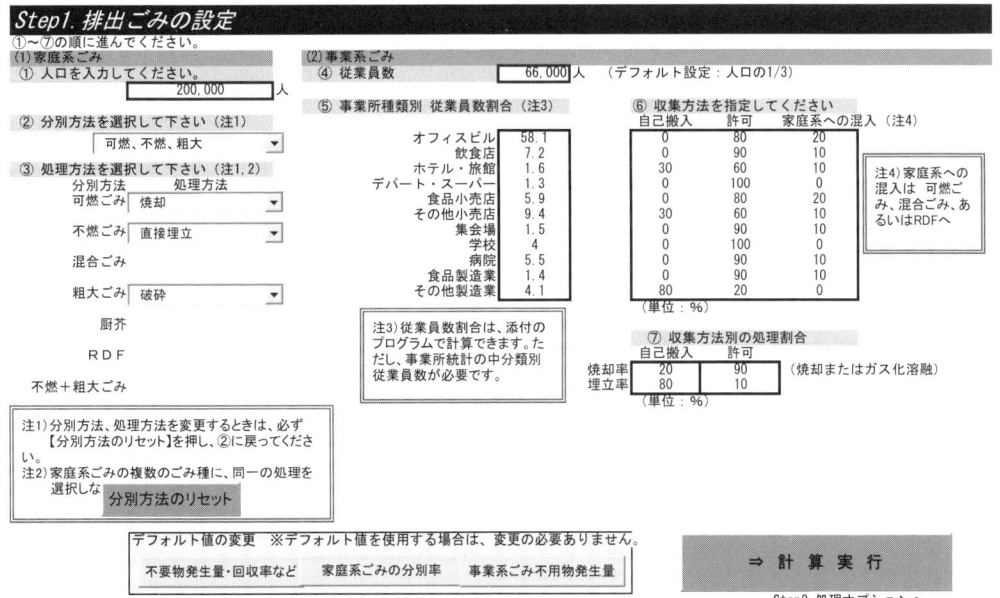

図 2-3 排出ごみの設定【排出ごみ設定】

2.2.1 家庭系ごみ
(1) 分別方法
分別方法は，以下の中から選択する．
　①可燃ごみ，不燃ごみ，粗大ごみ（最も一般的な分別）
　②混合ごみ，粗大ごみ（粗大ごみ以外を，混合収集する）
　③可燃ごみ，不燃・粗大ごみ（可燃ごみ以外を，混合収集する）
　④可燃ごみ，厨芥ごみ，不燃ごみ，粗大ごみ（厨芥資源化のための分別）
　⑤RDFごみ，不燃ごみ，粗大ごみ（ごみ燃料化のための分別）

①の可燃ごみと⑤のRDFごみの組成は，類似したものになるが，本来，分別は処理を容易にするため，あるいは特定のごみを分けて処理するために行われる．処理方法を明確にするために①と⑤を区別した．また，同一の名称で呼ばれていても，自治体によって分別すべき品目指定が異なっている．この詳細は以下の(4)で設定する．

自治体の資源ごみ収集は必ず行うとし，分別方法の指定には含めない．何を収集するかは(3)で設定する．

(2) 処理方法の選択
各ごみの処理方法の選択肢は，**表2-1**とする．分別方法を指定すると，これらのオプションが選択可能になる．例えば④の場合，厨芥（生ごみ）は堆肥化かメタン発酵のいずれかが選択できる．

表2-1 分別ごみの処理方法選択肢

		処理方法						
		焼却	直接埋立	ガス化溶融	破砕	堆肥化	メタン発酵	RDF
分別ごみ種	可燃ごみ	○	○	○				
	不燃ごみ		○		○			
	混合ごみ	○	○	○				
	粗大ごみ		○		○			
	不燃・粗大ごみ		○		○			
	厨芥					○	○	
	RDFごみ							○

①の場合，不燃ごみ，粗大ごみともに直接埋立が可能なオプションとして示される．しかし，不燃ごみと粗大ごみともに埋め立てるならば，③のように不燃・粗大ごみとして収集されるはずであり，①の場合は，粗大ごみを破砕したのちに焼却あるいは埋め立て，不燃ごみは直接埋立となる．複数のごみに対して同じ処理を選択すると，警告メッセージは出さないが，後で指定したものが優先される．

(3) ごみ量の計算方法
家庭において発生した不要物は，自治体以外の資源回収，家庭での堆肥化などの自家処理ののち，ごみ（資源ごみを含む）として自治体が収集する．この流れを，**図2-4**に示す．組成ごとの不要物発生量，資源化，自家処理への配分割合を

2.2 排出ごみの設定方法と考え方

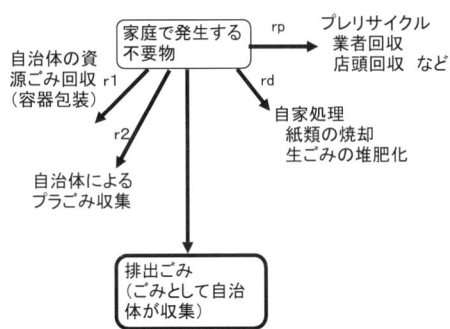

図 2-4 不用物発生から排出までのフロー【A_1_1】

ごみ組成		不用物発生量 [g/(人・日)]	資源化、自家処理率[-]				排出ごみ量 g/(人・日)
			プレリサイクル(rp)	資源ごみ(自治体)r1	その他プラ回収r2	自家処理rd	
厨芥		251	0	0	0	0	251.0
紙類	新聞紙	84.8	0.9	0	0	0	8.5
	雑誌	55.9	0.8	0	0	0	11.2
	上質紙	0	0	0	0	0	0.0
	段ボール	37.3	0.5	0	0	0	18.7
	飲料用紙パック	4.8	0	0	0.05	0	4.6
	紙箱、紙袋、包装紙	71.6	0	0	0	0	71.6
	その他の紙(手紙、おむつ等)	95	0	0	0	0	95.0
布類		16.5	0	0	0	0	16.5
プラスチックス	PETボトル	10	0	0.92	0.03	0	0.5
	PETボトル以外のボトル	8.1	0	0.05	0.70	0	2.0
	パック・カップ、トレイ	13.8	0	0	0.75	0	3.5
	プラ袋	52.4	0	0.01	0.39	0	31.4
	その他のプラ(商品等)	14.6	0	0.01	0.15	0	12.3
金属類	スチール缶	12	0	0.90	0	0	1.2
	アルミ缶	6	0.02	0.95	0	0	0.2
	缶以外の鉄類	6.5	0	0.01	0	0	6.4
	缶以外の非鉄金属類	1.4	0	0	0	0	1.4
ガラス	リターナブルびん	6	0	0.95	0	0	0.3
	ワンウェイびん(カレット)	28	0	0.95	0	0	1.4
	その他のガラス	3	0	0.20	0	0	2.4
陶磁器類		2.5	0	0	0.05	0	2.4
ゴム・皮革		3.8	0	0	0	0	3.8
草木		18.4	0	0	0	0	18.4
大型ごみ	繊維類(布団、カーペット等)	4.1	0	0	0	0	4.1
	木材(タンス、椅子等)	11.4	0	0	0	0	11.4
	自転車、ガスレンジ等	9	0	0	0	0	9.0
	小型家電製品	3.1	0	0	0	0	3.1
	大型家電製品	6.3	0	0	0	0	6.3

図 2-5 家庭系ごみの不用物発生量と発生源分別【A_1_1】

r_p：プレリサイクル（集団回収，業者回収，拠点回収など）

r_1：資源ごみ収集（自治体による）

r_2：その他プラスチックの回収（自治体による）

r_d：自家処理

として図 2-5 のように設定し，$\{1-(r_p+r_1+r_2+r_d)\}$ がごみとして収集される量である．$r_p+r_1+r_2+r_d<1$ でなければならず，この条件を満たさないデータを入力すると警告メッセージを出す．

「その他プラスチック」は，収集以降の計算を行っておらず，プレリサイクルと同じ扱いとしている．これは，処理方法がさまざまで十分なデータが得られなかったためであるが，図 2-5 で「その他プラ」を「資源ごみ」として指定すれば必要車両台数など，収集の計算を行うことができる．

不要物発生量の推定は，品目別生産量，自治体のごみ組成などをもとに 1998 年に設定したが，データが多少古くなってしまった．ただし，PET ボトル，スチール缶，アルミ缶，ガラスびんは，最新の推定値を用いた．上質紙を 0 としているのは，事業系のみを対象としているためである．

(4) 分別率の設定

各自治体では，可燃ごみ，不燃ごみ，粗大ごみなどにごみを分別し，例えば「厨芥，木くず，布，プラスチック類は可燃ごみ」というように，それぞれにどんなものを含めるべきかを定めている．しかし，現実には不燃ごみ中に紙が見られたり，可燃ごみにびんや缶が混入することがある．そこでごみの分別率を図 2-6（【A_1_2】）のように設定し，(3) で計算されるごみ量を配分して，各分別ごみ量を計算する．図 2-6 の数値はある自治体のごみ分析結果に基づいている（図 2-5 も同じ自治体である）が，紙類が可燃ごみ以外にほとんどなく，金属類，プラスチック類の分別も非常によい例である．

処理方法別の組成別ごみ量は 1.3.3 の式 (1.1), (1.6) で計算し，【処理方法別ごみ量】（図 2-7）に出力される．図 2-7 (B) は式 (1.2)〜(1.5) で計算されたごみの特性値である．図 2-7 (C) は組成割合を大分類で示しており，【ごみ組成（図）】（図 2-8）はこのグラフ化である．ただし，図 2-8 は各施設に直接搬入されるごみの組成であり，焼却ごみ，埋立ごみの組成はこれに中間処理残渣を含めて計算される．

ごみ組成		① 可燃	① 不燃	① 粗大	② 混合	② 粗大	③ 可燃	③ 不燃	④ 可燃	④ 厨芥	④ 不燃	④ 粗大	⑤ RDF	⑤ 不燃	⑤ 粗大
厨芥		1	0		1		1	0	0.1	0.9	0		1	0	0
紙類	新聞紙	1	0		1		1	0	1		0		1	0	
	雑誌	1	0		1		1	0	1		0		1	0	
	上質紙	1	0		1		1	0	1		0		1	0	
	段ボール	1	0		1		1	0	1		0		1	0	
	飲料用紙パック	1	0		1		1	0	1		0		1	0	
	紙箱、紙袋、包装紙	1	0		1		1	0	1		0		1	0	
	その他の紙（手紙、おむつ等）	1	0		1		1	0	0.9	0.1	0		1	0	
布類		0.98	0.02		1		0.98	0.02	0.98		0.02		0.98	0.02	
プラスチックス	PETボトル	0.98	0.02		1		0.98	0.02	0.98		0.02		0.98	0.02	
	PETボトル以外のボトル	0.88	0.12		1		0.88	0.12	0.88		0.12		0.88	0.12	
	パック・カップ、トレイ	0.96	0.04		1		0.96	0.04	0.96		0.04		0.96	0.04	
	プラ袋	0.99	0.01		1		0.99	0.01	0.98	0.01	0.01		0.99	0.01	
	その他のプラ（商品等）	0.55	0.45		1		0.55	0.45	0.55		0.45		0.55	0.45	
金属類	スチール缶	0.97	0.03		1		0.97	0.03	0.97		0.03		0.97	0.03	
	アルミ缶	0.97	0.03		1		0.97	0.03	0.97		0.03		0.97	0.03	
	缶以外の鉄類	0.15	0.85		1		0.15	0.85	0.15		0.85		0.15	0.85	
	缶以外の非鉄金属類	0.15	0.85		1		0.15	0.85	0.15		0.85		0.15	0.85	
ガラス	リターナブルびん	0.1	0.9		1		0.1	0.9	0.1		0.9		0.1	0.9	
	ワンウェイびん（カレット）	0.1	0.9		1		0.1	0.9	0.1		0.9		0.1	0.9	
	その他のガラス	0.1	0.9		1		0.1	0.9	0.1		0.9		0.1	0.9	
陶磁器類		0.1	0.9		1		0.1	0.9	0.1		0.9		0.1	0.9	
ゴム・皮革		0.83	0.17		1		0.83	0.17	0.83		0.17		0.83	0.17	
草木		1	0		1		1	0	1		0		1	0	
大型ごみ	繊維類（布団、カーペット等）	0.3	0	0.7	0.3	0.7	0.3	0.7			0.3	0.7	0.3	0	0.7
	木材（タンス、椅子等）	0.1	0	0.9	0.1	0.9	0.1	0.9			0.1	0.9	0.1	0	0.9
	自転車、ガスレンジ等	0	0.1	0.9	0.1	0.9		1			0.1	0.9	0	0.1	0.9
	小型家電製品	0	0.3	0.7	0.3	0.7		1			0.3	0.7	0	0.3	0.7
	大型家電製品	0	0	1		1		1			0	1	0	0	1

図 2-6 家庭系ごみの分別率【A_1_2】

2.2 排出ごみの設定方法と考え方

(A) 細組成 [t/年]	家庭系(事業系混入含む)										事業系			
	焼却	ガス化溶融	直接埋立	破砕	堆肥化	メタン発酵	RDF	資源ごみ(自治体)	その他プラ回収	プレリサイクル	焼却	ガス化溶融	埋立	家庭系への混入
厨芥	19,197	0	0					0	0	0	5,548		813	874
新聞紙	651	0	0					0	0	5,571	169		43	32
雑誌	848	0	0					0	0	3,265	169		43	32
上質紙	35	0	0					0	0	0	172		55	35
段ボール	1,951	0	0					0	0	1,361	3,147		732	589
飲料用紙パック	333	0	0					0	18	0	0		0	0
紙箱、紙袋、包装紙	5,227	0	0					0	0	0	0		0	0
その他の紙(手紙、おむつ等)	7,460	0	0					0	0	0	3,099		686	525
布類	1,196	24	0					0	0	0	118		54	16
PETボトル	41	1	0					672	22	0	41		9	6
PETボトル以外のボトル	130	18	0					30	414	0	0		0	0
パック・カップ、トレイ	259	10	0					0	756	0	0		0	0
プラ袋	2,406	23	0					38	1,492	0	835		183	134
その他のプラ(商品等)	573	403	0					11	160	0	503		143	80
スチール缶	153	3	0					788	0	0	441		106	68
アルミ缶	33	0	0					416	0	9	135		33	20
缶以外の鉄類	78	399	0					5	0	0	45		19	8
缶以外の非鉄金属類	23	87	0					0	0	0	45		19	8
リターナブルびん	47	20	0					416	0	0	303		56	45
ワンウェイびん(カレット)	55	92	0					1,942	0	0	303		56	45
その他のガラス	34	158	0					44	0	0	115		17	17
陶磁器類	106	156	0					0	9	0	596		173	89
ゴム・皮革	230	47	0					0	0	0	0		0	0
草木	1,387	0	0					0	0	0	347		67	44
繊維類(布団、カーペット等)	90	0	210					0	0	0	0		0	0
木材(タンス、椅子等)	83	0	749					0	0	0	0		0	0
自転車、ガスレンジ等	0	66	591					0	0	0	0		0	0
小型家電製品	0	68	158					0	0	0	0		0	0
大型家電製品	0	0	460					0	0	0	0		0	0

注:事業系ごみ混入は、家庭系ごみの可燃ごみあるいは混合ごみに含めている

(B) 特性値														
重量[t/年]	42,627	0	1,574	2,168				4,361	2,870	10,206	16,271	0	3,331	2,682
収集時容積[m3/年]	111,536	0	6,609	12,474	0	0	0	23,610	27,107	27,475	46,980	0	10,347	7,662
含水率[-]	0.59		0.04	0.05				0.05	0.30	0.11	0.46		0.40	0.45
灰分[-]	0.04		0.66	0.47				0.80	0.04	0.07	0.15		0.17	0.14
炭素[-]	0.19		0.23	0.27				0.12	0.51	0.38	0.20		0.23	0.21
水素[-]	0.03		0.04	0.04				0.02	0.09	0.06	0.03		0.03	0.03
酸素[-]	0.14		0.02	0.16				0.01	0.03	0.37	0.15		0.16	0.15
発熱量[kcal/kg]	1,619		2,834	2,834				1,488	6,352	3,491	1,812		2,102	1,872

(C) 組成(大分類)[%]	焼却	ガス化溶融	直接埋立	破砕	堆肥化	メタン発酵	RDF	資源ごみ(自治)	その他プラ回収	プレリサイクル	焼却	ガス化溶融	埋立	家庭系への混入
厨芥	45.0		0.0	0.0				0.0	0.0	0.0	34.1		24.4	32.6
紙類	38.7		0.0	0.0				0.0	0.6	99.9	41.5		46.8	45.2
布類	2.8		1.5	0.0				0.0	0.0	0.0	0.7		1.6	0.6
プラスチック+ゴム・皮革	8.5		31.9	0.0				17.2	99.1	0.0	9.3		10.7	8.8
金属類	0.7		31.1	0.0				27.7	0.0	0.1	4.1		5.4	3.8
ガラス類(陶磁器含む)	0.6		27.0	0.0				55.1	0.3	0.0	8.1		9.1	7.3
草木類	3.3		0.0	0.0				0.0	0.0	0.0	2.1		2.0	1.6
粗大物	0.4		8.5	100.0				0.0	0.0	0.0	0.0		0.0	0.0

図 2-7 処理方法別ごみ組成【処理方法別ごみ量】

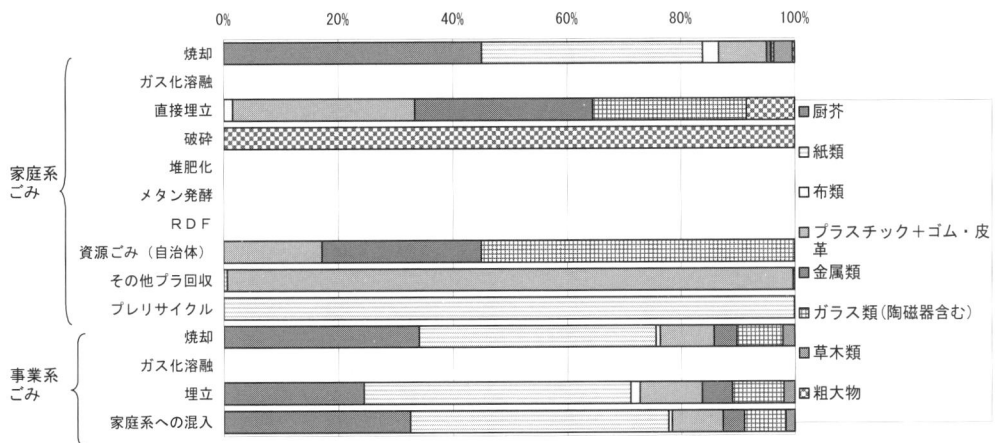

図 2-8 処理施設搬入ごみの組成【ごみ組成(図)】

2.2.2 事業系ごみ

(1) 基本操作手順

事業系一般廃棄物は市町村の処理施設で，家庭系ごみと一緒に処理されている．事業所の種類ごとにごみの発生量，組成が異なることを考慮し，【排出ごみ設定】（図 2-3）において，以下の条件を設定する．

　④従業員数を設定する．（デフォルト設定値は人口の 1/3）
　⑤事業所種類別の従業者数割合を設定する．（後述の(3)参照）
　⑥収集方法割合を設定する．
　　自己搬入：事業者が直接処理・処分施設に運ぶ（持ち込みとも呼ばれる）．
　　許可収集：収集業者に収集を委託する．
　　家庭系への混入：家庭ごみ収集に排出され，可燃（または混合）ごみ，あるいは RDF
　　　ごみとして収集される（図 2-3 では可燃ごみを焼却するとしたので，図 2-7 の「焼却」に事業系ごみの混入がすでに含まれている．図 2-12 の【マスフロー図】参照）．
　⑦自己搬入ごみ，許可収集ごみの処理方法を設定する．
　　事業系ごみについては焼却（またはガス化溶融），埋立のいずれかの処理とし，RDF,
　　　堆肥化，メタン発酵は行わない．
　　焼却かガス化溶融かは，家庭系ごみに対して設定したのと同じとする．
　　　（家庭系ごみを焼却するなら，事業系ごみも同じ施設で処理する）

⑦で処理方法を焼却（またはガス化溶融）と埋立に限ったのは，ごみと処理方法との組み合わせが増えて複雑になるからである．事業系粗大ごみは大部分が廃木材であるので，家庭系ごみのような「大型ごみ」は考えない．廃木材はせん断式破砕後に埋め立てられることが多いが，直接埋立されるとした．家庭ごみへの混入は可燃ごみ以外もありうるが，複雑になるため可燃ごみのみとした．

自己搬入（持ち込み）は建設業，製造業などが多く，大部分の事業所は収集業者に委託する許可収集である．したがって，自己搬入ごみは許可収集ごみよりも埋立率が高い（処理方法は業種ごとに異なるが，自己搬入，許可収集ごみで一定とした）．

(2) ごみ量の計算方法

事業系ごみ量は，次のように計算している．

1) 事業所種類ごとに，従業員当たり不要物発生量，およびリサイクル率を設定する（図 **2-9**【A_2_d】）．
2) 事業所種類別の従業員数（図 **2-3**【排出ごみ設定】④⑤）を掛けて，年間ごみ量，リサイクル量を計算する．
　結果は，【A_2_1】に出力する（図は省略）．
3) 収集方法割合（図 **2-3**【排出ごみ設定】⑥）で収集方法別に配分する．
　結果は【A_2_2】に出力する（図は省略）．
4) 自己搬入ごみと許可収集ごみを，処理割合（図 **2-3**【排出ごみ設定】⑦）で処理方法別に配分する．

2.2 排出ごみの設定方法と考え方

不用物発生量 g/(人・日)	オフィスビル	飲食店	ホテル・旅館	デパート・スーパー	食品小売店	その他小売店	集会場	学校	病院	食品製造業	その他製造業
厨芥	58	1222	786	1341	997	205	1039	297	270	2247	30
新聞紙	22	18	55	27	53	133	16	20	29	5	28
雑誌	11	13	46	26	7	34	9	22	22	2	24
上質紙	13	0	1	1	10	67	12	23	3	2	36
段ボール	138	122	244	1523	804	631	91	73	98	672	338
飲料用紙パック	0	0	0	0	0	0	0	0	0	0	0
紙箱、紙袋、包装紙	0	0	0	0	0	0	0	0	0	0	0
その他の紙(手紙、おむつ等)	129	146	388	419	68	371	465	527	257	115	273
布類	3	8	15	1	1	9	79	14	5	5	57
PETボトル	10	12	28	125	28	28	13	5	3	34	53
PETボトル以外のボトル	0	0	0	0	0	0	0	0	0	0	0
パック・カップ、トレイ	2	48	12	184	9	8	14	8	2	3	4
プラ袋	18	82	296	309	72	86	102	41	24	348	29
その他のプラ(商品等)	10	119	67	52	44	52	66	20	20	12	87
スチール缶	12	34	203	59	24	65	267	69	27	94	17
アルミ缶	6	15	145	20	11	12	105	28	13	90	8
缶以外の鉄類	1	2	38	0	1	12	6	2	2	0	7
缶以外の非鉄金属類	1	2	38	0	1	12	6	2	2	0	7
リターナブルびん	7	36	63	31	26	27	71	72	12	7	4
ワンウェイびん(カレット)	7	36	63	31	26	27	71	72	12	7	4
その他のガラス	1	4	4	0	11	3	3	14	62	1	3
陶磁器類	10	25	193	0	0	57	17	13	272	0	97
ゴム・皮革	0	0	0	0	0	0	0	0	0	0	0
草木	4	116	65	61	25	4	46	64	1	1	33
繊維類(布団、カーペット等)	0	0	0	0	0	0	0	0	0	0	0
木材(タンス、椅子等)	0	0	0	0	0	0	0	0	0	0	0
自転車、ガスレンジ等	0	0	0	0	0	0	0	0	0	0	0
小型家電製品	0	0	0	0	0	0	0	0	0	0	0
大型家電製品	0	0	0	0	0	0	0	0	0	0	0

図 2-9 事業系ごみの従業員当たり不要物発生量【A_2_d】（組成別リサイクル率は省略）

家庭系ごみへの混入は【A_2_2】，リサイクル量は【A_2_1】を用いる．

5) 処理方法別のごみ量を，【処理方法別ごみ量】(図 2-7) に出力する．

(3) 業種別従業員数，ごみ発生量の設定

事業系ごみ量の計算は，日本標準産業分類に基づく事業所統計が全国的に行われていることを利用し，以下のように行った．

① 事業所統計における業種ごとの事業所形態データより，産業中分類の 98 業種の従業員数を表 2-2 のように配分した．これは，例えば「建設業」は現場事業所以外にも事務所や店舗があり，91%は事務所で働いていることを示す．

② 札幌市における調査結果をもとに，事業所形態別の不要物発生原単位（従業員当たり），組成，リサイクル率を表 2-3 のように作成した（表 2-3 は組成を大分類で示したが，プログラムで使用しているのは図 2-9 のような細組成である）．

③ 事業所中分類ごとの従業員数を表 2-2 に乗じて事業所形態ごとの従業員数を求め，次に図 2-9 をかけて事業系ごみ量を推定した．

このプログラムは，添付 CD-ROM に収録されている．図 2-3⑤では札幌市の従業員数割合をデフォルト値としているが，計算対象地域の事業所統計データから計算するとよい（詳しくは，筆者らの論文[4]を参照）．

2.2.3 使用データの変更

【排出ごみ設定】(図 2-3) の画面から，不要物発生量・回収量（図 2-5【A_1_1】），家庭

---

[4] 羽原浩史, 松藤敏彦, 田中信寿：事業系ごみ量と組成の事業所種類別発生・循環流れ推計法に関する研究, 廃棄物学会論文誌, 13 (5), pp.315-324, 2002

表 2-2 産業大・中分類から事業所グループへの従業員数配分表（一部）

産業大・中分類		オフィス	飲食店	ホテル・旅館	デパート・スーパー	食品小売店	食品以外の小売店	集会場	学校	病院	食品製造業	食品以外の製造業
建設業		0.91										0.09
電気・ガス・熱供給・水道業		0.91										0.09
サービス業	77 自動車整備業	0.25										0.75
	78 機械・家具等修理業	0.83										0.17
	91 教育	0.10							0.90			
	88 医療業	0.05								0.95		
卸売・小売・飲食	60 一般飲食店	0.03	0.97									
	61 その他の飲食店	0.02	0.98									
	54 各種商品小売業	0.15			0.85							
	50 飲食料品卸売業	0.66				0.34						
	56 飲食料品小売業	0.10				0.90						
	48 各種商品卸売業	0.87					0.13					
製造業	12 食料品製造業	0.27				0.07					0.66	
	15 衣服，その他繊維製品除く	0.43										0.57
	16 木材・木製品製造業（家具を除く）	0.29										0.71
	17 家具・装備品製造業	0.29										0.71

表 2-3 事業所グループ別の不要物発生原単位とリサイクル率

発生量 (g/人・日)	厨芥		紙類		布類		プラスチック類		金属類		ガラス類		草・木		その他	
オフィス	57	0.0	309	13.1	3	0	39	0.1	19	31.6	15	38.7	4	0	10	0
飲食店	1 205	0.5	295	24.9	8	0	257	0.1	53	3.8	75	11.4	114	0	24	0
ホテル・旅館	775	0.0	724	8.2	14	0	397	0.0	418	9.1	127	18.8	64	0	191	0
デパート・スーパー	1 322	0.0	1 968	64.9	1	0	661	17.2	78	14.2	62	34.3	60	0		
食品小売店	983	0.1	929	83.7	1	0	151	2.3	35	50.9	62	73.4	24	0	0	0
食品以外の小売店	202	0.0	1 218	30.3	9	0	172	1.0	100	6.2	56	43.2	4	0	56	0
集会場	1 025	2.9	584	9.4	78	0	192	0.1	378	22.0	144	19.1	46	0	16	0
学校	293	3.3	655	3.1	14	0	73	0.9	101	19.8	155	57.6	63	0	13	0
病院	267	10.7	404	22.4	4	0	49	0.0	43	31.7	85	6.7	1	0	268	0
食品製造業	2 216	4.5	784	47.4	5	0	391	0.4	182	96.4	15	87.2	1	0	0	0
食品以外の製造業	30	5.7	690	24.2	56	0	171	0.0	39	21.5	12	16.0	32	0	96	0

数値　左：発生原単位 [g/従業員・日]，右：リサイクル率 [%]

系ごみの分別率（図 2-6【A_1_2】），事業系ごみ不要物発生量（図 2-9【A_2_d】）にジャンプできる．デフォルト値は単に一般的な数値として与えているので，自治体の状況に合うよう個々のデータを用いて修正することが望ましい（第 4 章参照）．

2.3 処理パラメータの設定（【処理オプション】：図 2-10）

　実際の施設設計には数多くの数値が必要だが，処理対象ごみの量や組成が与えられれば，施設の概略，設備構成はほぼ決定する．例えば，堆肥化施設は原料となるごみ量と水分によって施設の規模，水分調整材量が計算でき，必要な電力等も推定できる．ただし，水分調整材として何を使うか，どのような脱臭方法とするかは，設計者が決めなければならない．また，焼却施設についても炉の形式，発電計画の有無，集塵灰の処理方法などを決める必要があるが，ユーザーが設定すべき条件はそれほど多くはない．

　本プログラムは，誰もが処理システム全体の計算を行えることを目的としている．そのためユーザー設定パラメータとして，施設設計を左右する重要なもののみを選び，簡単に計算を進められるようにした．

2.3.1 パラメータの設定方法

1) 【排出ごみ設定】（図 2-3）で選択した処理について，【処理オプション】（図 2-10）においてパラメータ設定を行う．RDF化施設，メタン発酵，破砕施設には，設定すべきパラメータはない．

2) 各処理施設で発生する処理残渣の処理方法として，それぞれ焼却あるいは埋立を選択する．焼却かガス化溶融かは，【排出ごみ設定】で設定した家庭ごみ処理方法に一致

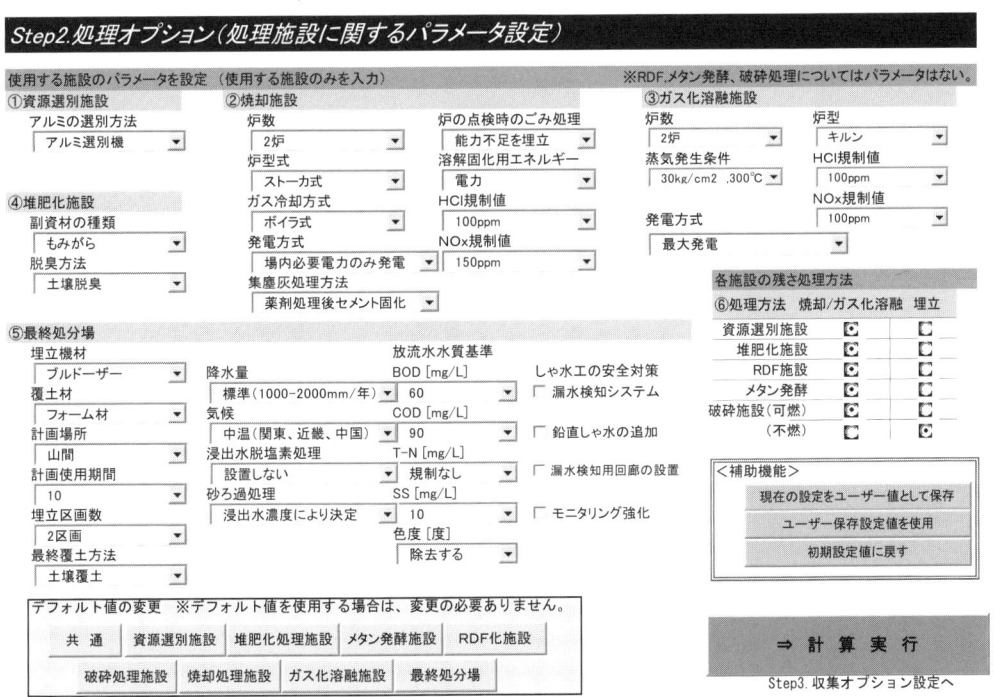

図 2-10　処理施設のパラメータ（【処理オプション】）

させる．

3) 処理に関するデフォルト値を修正することができる．データの詳細については第 3 章で説明するが，「デフォルト値の変更」により以下のシートにジャンプする．

　　　資源選別施設【D_Recycle】　　　堆肥化施設【D_Compost】
　　　メタン発酵施設【D_methane】　　粗大ごみ施設【D_BULK】
　　　RDF 化施設【D_RDF】　　　　　焼却施設【D_inciner】
　　　ガス化溶融施設【D_GasMelt】　　最終処分場【D_Landfill】

4) ユーザーが設定したパラメータ値を，保存することができる．さらに修正した場合には，「ユーザー保存値の使用」で保存値に戻す，あるいは「初期設定値に戻す」ことができる．

2.3.2 物質収支

【処理オプション】（図 2-10）で「計算実行」をクリックすると，まず焼却，埋立以外の処理施設に関する計算を行い，施設の搬出物が求まる．次に，中間処理残渣を含めて焼却（またはガス化溶融）の計算を行い，最後に中間処理残渣，焼却残渣を含めて最終処分（埋立）を計算する．以上で，施設間の物質収支が定まる．焼却のオプションのうち「焼却能力不足時埋立」とは，焼却施設の定期整備時に焼却せずに埋め立てるごみのことである．

処理の計算を行うと，【処理残渣】（図 2-11）に中間処理残渣の組成および特性値を出力する．焼却処理残渣である焼却灰，飛灰の固化物，溶融スラグをごみ組成に加えている．また，施設での資源等の回収量を出力する．処理残渣の処理方法は図 2-10 で設定済みなので，図 2-7 と合わせるとすべての物質収支が確定する．

施設間の物質収支を，【マスフロー図】（図 2-12）に出力する．図とともに数値を示しており，「直接搬入」は，収集後，直接施設に運ばれる量である．このうち「その他プラ」は，**2.2.1**（3）で述べたように収集以降の計算を行っておらず，事業系ごみのうち「家庭系への混入」は，収集時点ですでに家庭系に含まれている（**2.2.2**（1））．

回収物のうち固形物は図中に表示したが，電力，熱，ガスについては，表でのみ示した．

2.3 処理パラメータの設定

中間処理残渣量

t/年	資源物選別	破砕(可燃)	破砕(不燃)	堆肥化	RDF化	メタン発酵	焼却orガス化溶融 焼却残渣	ガス化溶融残さ	焼却能力不足時埋立
厨芥	0	0	0						994
新聞紙	0	0	0						33
雑誌	0	0	0						41
上質紙	0	0	0						8
段ボール	0	0	0						205
飲料用紙パック	0	0	0						13
紙箱、紙袋、包装紙	0	0	0						210
その他の紙(手紙、おむつ等)	0	0	0						424
布類	0	85	9						56
PETボトル	34	0	0						5
PETボトル以外のボトル	30	0	0						6
パック・カップ、トレイ	0	0	0						16
プラ袋	38	0	0						132
その他のプラ(商品等)	11	252	28						54
スチール缶	39	0	0						25
アルミ缶	21	29	172						9
缶以外の鉄類	0	7	22						5
缶以外の非鉄金属類	0	2	12						3
リターナブルびん	21	0	0						15
ワンウェイびん(カレット)	97	0	0						18
その他のガラス	44	30	91						9
陶磁器類	0	15	44						29
ゴム・皮革	0	0	0						9
草木	0	693	77						97
繊維類(布団、カーペット等)	0	0	0						4
木材(タンス、椅子等)	0	0	0						3
自転車、ガスレンジ等	0	0	0						0
小型家電製品	0	0	0						0
大型家電製品	0	0	0						0
焼却灰							5,180		0
薬剤処理後のセメント固化物							1,452		0
溶融スラグ									0
残渣処理方法(焼却/埋立)	焼却1	焼却1	埋立1	焼却1	焼却1	焼却1	埋立2	埋立2	埋立2
重量 計[t/年]	334	1,113	456	0	0	0	6,632	0	2,423
容積 計[m3/年]	1,788	4,758	3,015	0	0	0	6,974	0	6,629
含水率[-]	0.071	0.277	0.097				0.000		
灰分[-]	0.655	0.097	0.733				0.000		
炭素[-]	0.211	0.367	0.099				0.000		0.200
水素[-]	0.037	0.055	0.015				0.000		0.030
酸素[-]	0.014	0.183	0.050				0.000		0.140
発熱量[kcal/kg]	2,685	3,822	1,022				0		2,046

物質回収量 [t/年]

	資源物選別	破砕	堆肥化	RDF化	メタン発酵	焼却	ガス化溶融
厨芥	0						
新聞紙	0						
雑誌	0						
上質紙	0						
段ボール	0						
飲料用紙パック	0						
紙箱、紙袋、包装紙	0						
その他の紙(手紙、おむつ等)	0						
布類	0						
PETボトル	638						
PETボトル以外のボトル	0						
パック・カップ、トレイ	0						
プラ袋	0						
その他のプラ(商品等)	0						
スチール缶	749						
アルミ缶	395						
缶以外の鉄類	5	568					
缶以外の非鉄金属類	0	31					
リターナブルびん	395						
ワンウェイびん(カレット)	1,845						
その他のガラス	0						
陶磁器類	0						
ゴム・皮革	0						
草木	0						
堆肥							
RDF							
スラグ						0	千m3/年
メタンガス							
電力						0	MWh/年
熱量						6,608	Gcal/年

図 2-11 中間処理残渣, 物質回収量【処理残渣】

		直接搬入	回収物 (固形物)	処理残渣	
				焼却	埋立
家庭系	プレリサイクル	10,206			
	自家処理	0			
	資源物選別	4,361	4,027	334	
	破砕施設	2,168	599	1,113	456
	堆肥化施設	0	0	0	
	RDF化施設	0	0	0	
	メタン発酵施設	0	0	0	
	焼却施設	42,627	0	−	6,632
	ガス化溶融施設	0	0	−	0
	埋立地	1,574	−		
	その他プラ	2,870			
事業系	プレリサイクル	3,555			
	焼却施設	16,271			
	ガス化溶融施設	0			
	埋立地	3,331			
	(家庭系へ混入)	2,682			
	焼却能力不足時埋立	2423			

その他の回収物

焼却	電力		MWh/年
	熱量	6,608	Gcal/年
ガス化溶融	電力		MWh/年
	熱量		Gcal/年
メタン発酵施設	メタンガス		千m3/年

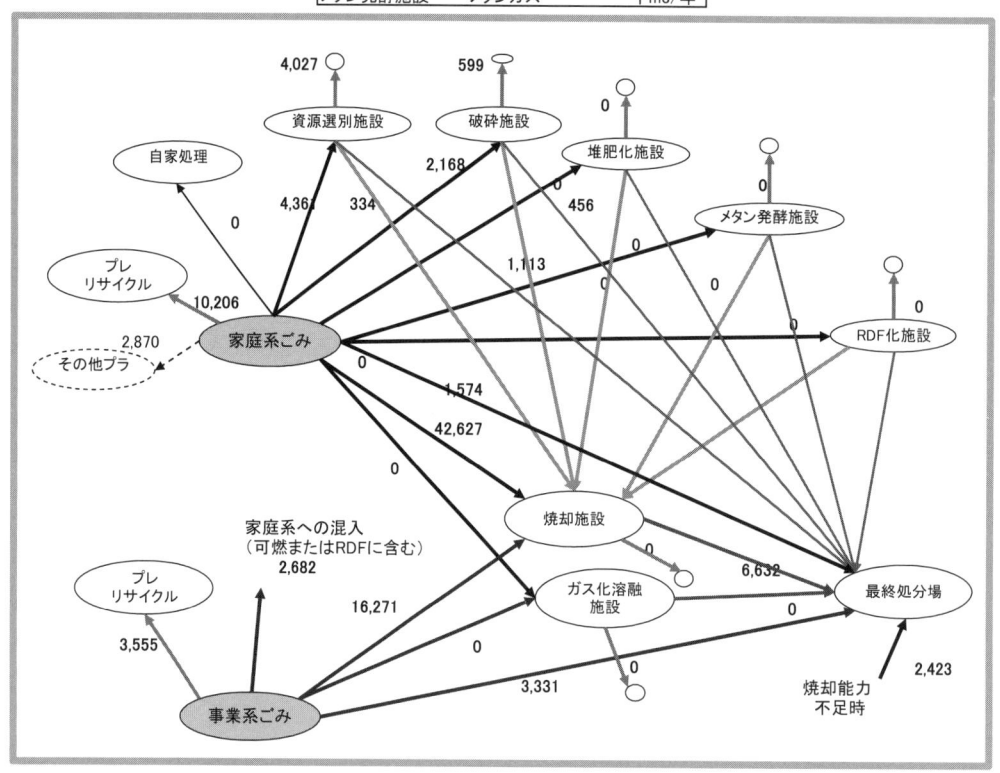

図 2-12 処理施設間の物質フロー【マスフロー図】

2.4 収集輸送パラメータの設定（【収集オプション】：図2-13）

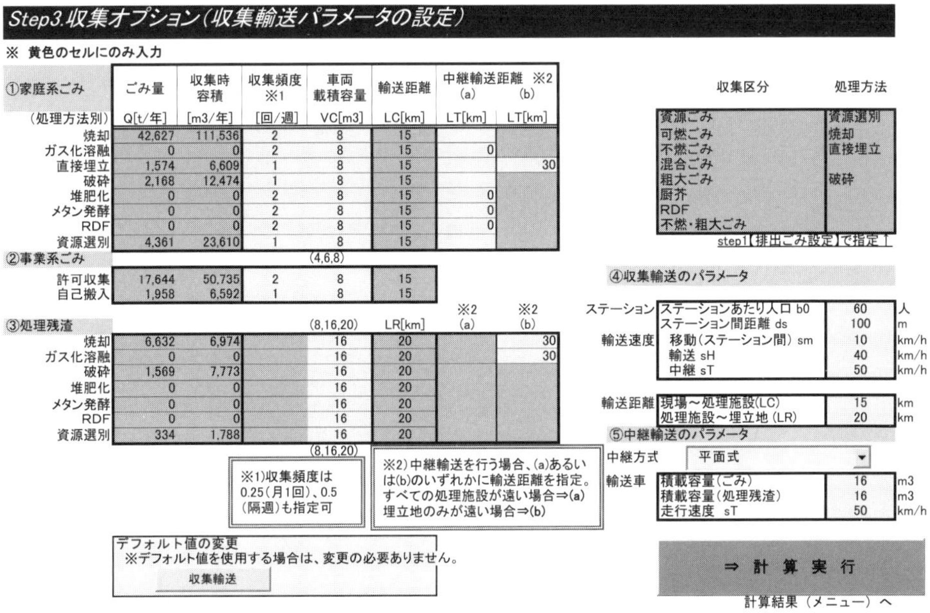

[図2-13 収集輸送のパラメータ設定【収集オプション】]

2.4.1 パラメータの設定方法

分別ごみ種ごとに，収集頻度，使用車両積載量，輸送距離などのパラメータを設定する．ただし，ごみごとにすべてのパラメータを個別に指定するのは煩雑なので，以下の単純化を行う．

① 現場～処理施設，処理施設～埋立地の距離は，すべて同じとする．図2-13④（右下）の輸送距離に入力すれば，すべて同じ距離に設定する．この結果，収集，輸送距離は図2-14のようになる．しかし，距離を個別に指定してもかまわない．

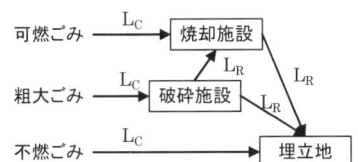

図2-14 施設間の輸送（中継処理を行わない場合）

② RDF，堆肥，回収金属，スラグ等の輸送は少量なので無視する．
③ 収集はパッカー車，残渣輸送は平ボディ車を使用する．
　収集頻度は，月1回，月2回の場合もあるので，それぞれ週0.25回，週0.5回と指定すればよい．

2.4.2 中継輸送

収集現場から処理施設までの距離が遠い場合，中継施設で大型の車両に積み替えると輸送効率がよい．これを中継輸送と呼ぶ．ただし，分別ごみの種類ごとに中継輸送の有無を指定すると煩雑となるので，以下の2ケースのみを考える．

1) すべての処理施設が遠い場合（図 2-15 (a)）

すべてのごみをいったん中継施設に搬入し，大型車両に積み替えたごみを各施設に輸送する．収集，残渣輸送は図 2-14 と同じであり，これに中継施設から各施設までの輸送（距離 L_T）が加わる．

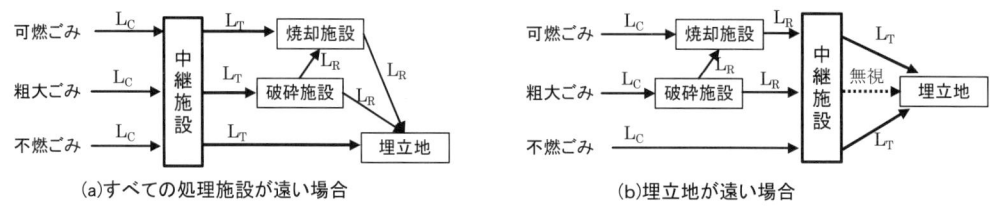

図 2-15 施設間の輸送（中継処理を行う場合）

2) 埋立地のみが遠い場合（図 2-15 (b)）

中間処理残渣を中継施設に搬入し，埋立地へ輸送する．直接埋立されるごみも，同様に中継輸送する．中間処理施設から中継施設までの距離を図 2-14 と同じとすると，中継施設から各施設への輸送（この場合は残渣）が図 2-14 に加わることになる．資源化施設，堆肥化施設など，焼却（またはガス化溶融）以外の処理残渣は焼却あるいは埋立される．前者は焼却残渣の一部として，後者は残渣のまま埋立地へ輸送される（図 2-16）が，簡単のため，埋立地への輸送は焼却残渣，直接埋立のみとし，焼却（またはガス化溶融）以外の処理残渣輸送を無視する．

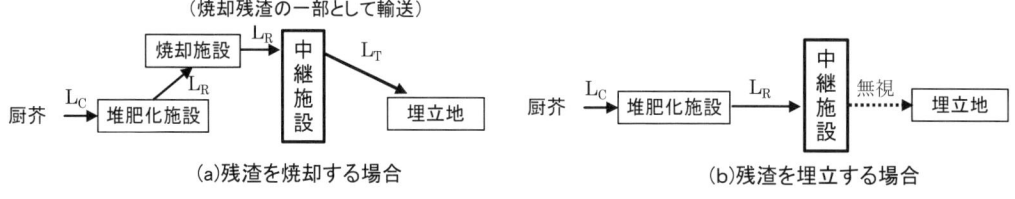

図 2-16 中間処理残渣の中継輸送の例

中継輸送を行う場合，【収集オプション】（図 2-13）において該当する処理方法の中継輸送距離に適当な距離を入力する．ただし，上記 1) 2) のいずれかを指定し（中継を行わない場合は「0」とする），中継輸送距離 L_T は同じ値を入力する（異なった値を入れた場合は，最後に入力した値を使用する）．図 2-13 は，「埋立地のみが遠く，中継施設から 30 km の距離にある」という条件を設定している．

2.5 ライフサイクル評価結果の出力

1.3.4で述べた方法によって，処理施設ごとのコスト，エネルギー消費量，二酸化炭素排出量を計算した結果を【計算結果(表)】(図2-17)に出力する．「ユーティリティ」のうち，薬品等の使用量は種類がさまざまなため省略した．「コスト」のうち，ランニングコストは人件費とそれ以外を分けた．「エネルギー消費量」は，施設・機器の運転のために外部

規模			資源選別施設	堆肥化施設	メタン発酵	RDF化施設	破砕施設	焼却施設	ガス化溶融	最終処分場	収集輸送	計
規模	処理量	t/年	4,361	0	0	0	2,168	57,815	0	14,416	50,730	
	施設規模	t/日	17	0	0	0	8	207	0			
ユーティリティ	人員	人	12	0	0	0	6	40	0	6	98	162
	車両台数	台	0	0	0	0	0	0	0	0	31	31
	電力	MWh/年	68	0	0	0	108	0	0	46	0	223
	重油・軽油	kL/年	7	0	0	0	4	0	0	15	242	268
コスト	土木建築(車両含む)	百万円/年	17	0	0	0	17	523	0	62	39	659
	人件費		53	0	0	0	42	280	0	42	686	1,103
	運転費(人件費除く)		9	0	0	0	13	250	0	10	47	327
	▲資源等売却益		24	0	0	0	0	26	0	0	0	50
エネルギー消費量	電力・燃料	Gcal/年	218	0	0	0	278	0	0	228	2,227	2,951
	土木・建設・設備・薬品等		341	0	0	0	378	11,795	0	1,277	844	14,635
	▲削減分		28,219	0	0	0	3,208	6,608	0	0	0	38,034
CO_2排出量	処理より発生	t-CO_2/年	50	0	0	0	61	40,189	0	4,299	657	45,255
	非バイオマス由来		50	0	0	0	61	10,190	0	3,201	657	14,159
	施設建設・設備由来		98	0	0	0	107	3,912	0	645	232	4,993
	▲削減分		4,526	0	0	0	1,097	1,841	0	0	0	7,464
合計(削減除く)	コスト	百万円/年	78	0	0	0	72	1,053	0	114	771	2,088
	エネルギー消費量	Gcal/年	559	0	0	0	657	11,795	0	1,505	3,071	17,586
	CO_2排出(バイオマス除く)	t-CO_2/年	148	0	0	0	168	14,102	0	3,846	889	19,153
合計(削減含む)	コスト	百万円/年	55	0	0	0	72	1,026	0	114	771	2,038
	エネルギー消費量	Gcal/年	-27,660	0	0	0	-2,551	5,187	0	1,505	3,071	-20,448
	CO_2排出(バイオマス除く)	t-CO_2/年	-4,378	0	0	0	-929	12,261	0	3,846	889	11,688
トンあたり処理コスト		千円/トン	18.0				33.1	18.2		7.9	15.2	

注：堆肥化施設，最終処分のCO_2(非バイオマス)にはバイオマス由来のCH_4(CO_2換算)を含む

図 2-17 一般廃棄物処理システム評価のまとめ【計算結果(表)】

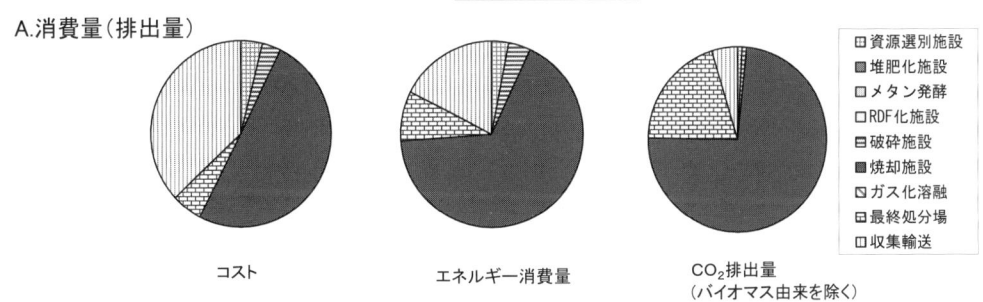

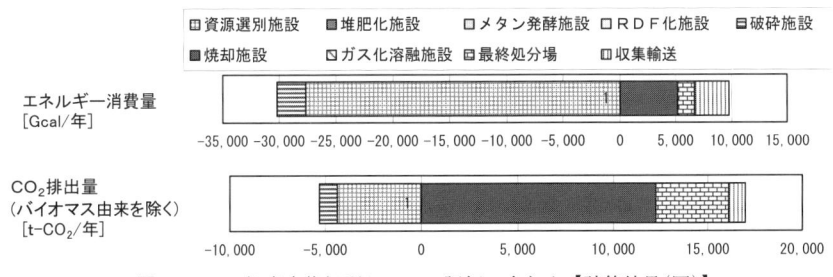

図 2-18 一般廃棄物処理システム評価のまとめ【計算結果(図)】

から購入する電力，燃料と，施設建設，機器製造，使用薬剤製造などのために間接的に消費されるものを区別して表示する．資源物，エネルギー回収によるそれらの製造に伴う消費量削減を「削減分」とした．「二酸化炭素排出量」は施設の運転，建設，削減分に分けて集計した．ごみの焼却，あるいは有機物の分解によって排出される二酸化炭素のうち，厨芥，紙，布，草木に由来するものをバイオマス由来として，プラスチック，ゴム由来と区別して示した．

表の下には，処理ごみ量当たりのコストを表示した．

【計算結果(図)】(図 2-18) は図 2-17 のグラフ表示であり，上段は，削減分を含めない場合の内訳である．一方，下段は削減分をマイナス側にとり，エネルギー消費量，二酸化炭素排出量を示した．

堆肥化施設

分類	項目	単位	記号	値
施設規模と面積など	搬入量	t/年	Q	17,207
	添加物量	t/年	QA	5,074
	施設規模	t/日	S	76
	延べ床面積	m2	AF	2,653
	用地面積	m2	AL	11,937
	残さ量	t/年	QW	2,702
	堆肥生産量	t/年	QB	5,707
ユーティリティ使用量	人員	人	NP	17
	電力	kWh/年	UE	2,495,486
	重油	L/年	UO	89,125
	苛性ソーダ	t/年	UNa	0
	硫酸	t/年	US	0
	次亜塩素酸ソーダ	t/年	UNC	0
	薬品計	t/年	UH	0
コスト	土木建設費	千円/年	CCI	206,393
	耐用年数	年		20
	人件費	千円/年	CP	119,000
	電力費	千円/年	CE	49,910
	燃料費	千円/年	CO	3,030
	薬品費	千円/年	CH	0
	整備補修費	千円/年	CM	82,557
	添加物購入費	千円/年	CA	15,222
	ランニングコスト計	千円/年	CR	269,719
	堆肥売却収入	千円/年	CB	39,949
	土地購入費	千円	CL	298,419
エネルギー消費量	直接投入	Mcal/年	ED	6,443,701
	間接投入	Mcal/年	EI	4,065,935
	堆肥生産による削減	Mcal/年	ES	1,883,325
二酸化炭素	直接排出	kg-C/年	GD	1,945,924
	間接排出	kg-C/年	GI	317,019
	堆肥生産による削減	kg-C/年	GS	68,485
発酵槽の形式	1次発酵			竪型
	2次発酵			竪型
	副資材種類			もみがら
	脱臭方法			土壌脱臭
ごみ特性値	選別後のごみ量	t/年	QS	14,505
	炭素量	−	CS	0.069
	窒素量	−	NS	0.004
	含水率	−	WS	0.838
	C／N	−		18.9
	必要副資材量(水分調整)[t/年]	t/年	QA1	5,074
	必要副資材量(C/N調整)	t/年	QA2	2,381
副資材添加後	含水率	−		0.650
	C／N	−		39.1
堆肥内訳	ごみ由来	t/年	QC	1,201
	副資材由来	t/年	QBA	4,506
CO2の内訳	ごみ由来(バイオマス)	kg-C/年	GDT1	720,924
	副資材由来(バイオマス)	kg-C/年	GDT2	840,250
	ごみ、副資材(メタンガス)	kg-C/年		0
	燃料・電力	kg-C/年		384,750
エネルギー消費ED内訳	電力分	Mcal/年		5,614,844
	重油	Mcal/年		828,858

図 2-19 処理施設の詳細出力の例（堆肥化施設）【詳細出力】

2.5 ライフサイクル評価結果の出力

収集・運搬（注：家庭系のみを合計）

施設規模など	清掃事務所	ヶ所	NF	1
	中継施設規模	t/日	S	32
	施設延べ床面積	m2		800
	施設用地面積	m2		1,271
ユーティリティ使用量	収集人員(予備人員含む)	人	NPC	53
	運転手(予備人員含む)	人	NPD	32
	事務職人員	人	NPF	7
	中継施設人員	人	NPT	6
	総人員数	人	NP	98
	収集車両(実稼動)	台	FC	23
	搬出物輸送車両(実稼動)	台	FH	3
	中継輸送車両(実稼動)	台	FT	2
	車両数(合計、予備車含む)	台	FA	31
	電力	kWh/年	UE	0
	軽油	L/年	UO	242,082
	水	m3/年	UW	1,706
エネルギー消費量	直接投入	Mcal/年	ED	2,227,158
	間接投入	Mcal/年	EI	884,848
コスト	清掃事務所建設費	千円/年	CF	6,000
	耐用年数	年		50
	中継施設建設費	千円/年	CT	2,689
	耐用年数	年		20
	車両購入費	千円/年	CB	33,632
	耐用年数	年		7
	イニシャルコスト計	千円/年	CF+CT+CB	42,321
	人件費	千円/年	CP	686,000
	電力費	千円/年	CE	0
	燃料費	千円/年	CO	13,799
	水道費	千円/年	CW	512
	整備補修費	千円/年	CM	32,195
	ランニングコスト計	千円/年	CP+CE+CO+CM	731,994
	土地購入費	千円/年	CL	31,765
二酸化炭素排出量	直接排出	kg-C/年	GD	179,141
	間接排出	kg-C/年	GI	66,360

(家庭ごみ収集)	重量 [t/年]	容積 [m3/年]	往復回数 [回/日]	車両台数 [台]	走行距離 [km/年]	施設までの輸送距離 [km]	車両購入整備費 [千円/年]	人件費 [千円/年]	燃料費 [千円/年]	トン当たりコスト [千円/t]
焼却	42,627	111,536	51	16	452,134	15	35,840	392,000	7,731	10.2
ガス化溶融	0	0	0	0	0	0	0	0	0	0.0
直接埋立	1,574	6,609	3	2	45,122	15	4,480	49,000	772	34.5
破砕	2,168	12,474	5	2	63,722	15	4,480	49,000	1,090	25.2
堆肥化	0	0	0	0	0	0	0	0	0	0.0
メタン発酵	0	0	0	0	0	0	0	0	0	0.0
RDF	0	0	0	0	0	0	0	0	0	0.0
資源ごみ	4,361	23,610	9	3	100,922	15	6,720	70,000	1,726	18.0

(事業系ごみ収集)						
許可収集	17,644	50,735	23	8	222,814	15
自己搬入	1,958	6,592	3	2	45,122	15

(処理残渣輸送)	[t/年]	[m3/年]	[回/週]	[台]	[km/年]	[km]
焼却	6,632	6,974	10	1	20,800	20
ガス化溶融	0	0	0	0		
破砕	1,569	7,773	11	1	22,880	20
堆肥化	0	0	0	0		
メタン発酵	0	0	0	0		
RDF	0	0	0	0		
資源ごみ	334	1,788	3	1	6,240	20

中継施設	[t/年]	[m3/年]	[回/日]	[台]	[km/年]	[km]
ごみ	1574	6,609	2	1	37,200	30
処理残渣	6,632	6,974	2	1	37,200	30

図 2-20 処理施設の詳細出力の例（収集）【詳細出力】

　各処理施設の計算において得られる中間値，あるいは詳細な結果は【詳細出力】に出力した．図 2-19 に堆肥化施設の例を示す（【排出ごみ設定】で分別方法を可燃，厨芥，不燃，粗大とした）．計算の詳細は 3.2 で説明するが，堆肥化施設においては異物を除去し，水分調整のための副資材を加え，有機物が微生物分解される．これらのプロセスに沿って，異物除去量（残渣量），副資材添加量，堆肥生産量を計算している．副資材の種類，脱臭方法

は【処理オプション】（図 2-10）で指定し，発酵槽の形式は施設規模に応じて決定する．電力，重油使用量，コストの内訳，エネルギー消費量，二酸化炭素排出量の内訳（バイオマス由来を区別）などを示している．記号は，第 3 章で使用したものである．

図 2-20 には，収集の例を示す．図 2-13（【収集オプション】）で埋立地のみが遠い（図 2-15（b））とし，不燃ごみと焼却残渣を中継輸送する場合の計算結果である．「往復回数」は収集現場と処理施設間の往復回数（搬入回数），「車両台数」は必要とする車両台数である．分別ごみ種ごとの車両購入，人件費，燃料費と，1 トン当たりコストも示した．これに【計算結果(表)】（図 2-17）の処理コストを加えればごみ種ごとの処理費となる．ただし，処理コストは単純に重量割合で配分したものである．各処理施設からの「処理残渣輸送」も，ごみ種ごとに示している．「中継施設」の「ごみ」は直接埋立する不燃ごみの積み替え輸送，「処理残渣」は焼却残渣輸送を示す．粗大ごみ処理物のうち 30％は埋立されるが，2.4.2 で述べたようにこの中継輸送は計算していない．事業系ごみ収集についても，参考のため家庭系ごみと同様に計算した．しかし，集計は自治体が直接実施する分のみとした．

2.6 プログラム構成

プログラムの全体構成と流れは，【プログラムフロー】（図 2-21）のようになっている．「データ」はデフォルト値が与えられているが，任意に修正することができる．「プログラム」は VBA で書かれており，EXCEL の Visual Basic Editor で内容を見ることができる．変数名は，基本的に第 3 章の記号と同じとしている．

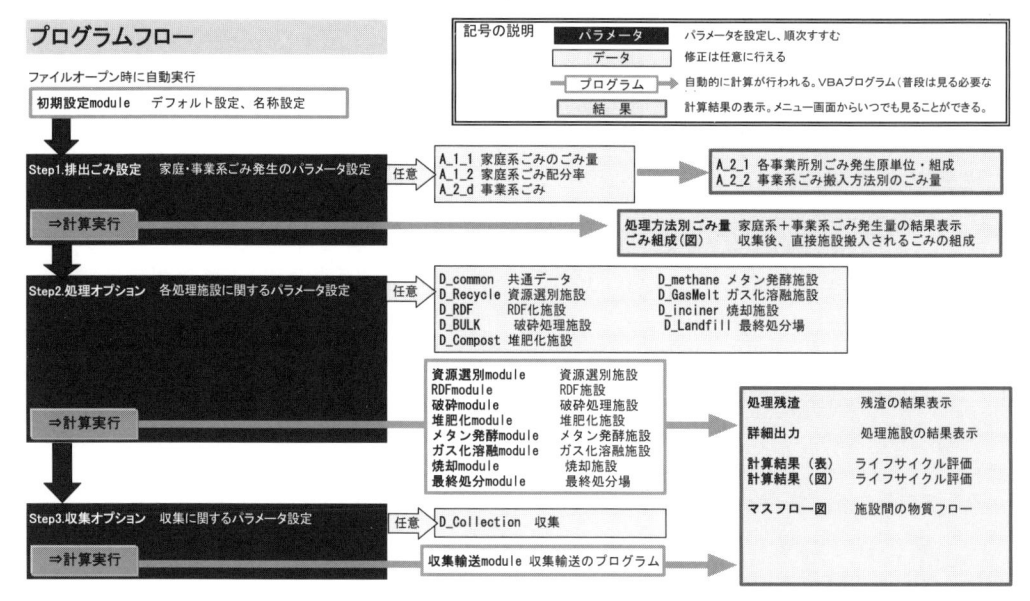

図 2-21　プログラム全体の流れ【プログラムフロー】

2.6 プログラム構成

使用しているシート，プログラム，およびそれらの内容を【シート一覧】(図 2-22) に示す．

シート、プログラムの構成

	シート名・モジュール名	説明	処理内容 パラメータ設定	データ	結果表示	プログラム	形式 シート	モジュール	内容
結果出力	計算結果(表)				○		○		計算結果のまとめ
	計算結果(図)				○		○		〃
	ごみ組成(図)				○		○		各処理施設への搬入ごみ組成
	マスフロー図				○		○		施設間の移動量
	処理残渣				○		○		残差の結果表示(詳細データ)
	詳細出力				○		○		処理施設の結果表示(詳細データ)
ごみ量	排出ごみ設定		○			○	○		家庭系＋事業系ごみ発生量を求めるオプション
	処理方法別ごみ量				○		○		家庭系＋事業系ごみ発生量の結果表示
	A_1_1			○			○		家庭系ごみのごみ量データ
	A_1_2			○			○		家庭系ごみ配分率データ
	A_2_d			○			○		事業系ごみデータ
	A_2_1			○			○		各事業所ごとのごみ発生率データ
	A_2_2			○			○		事業系ごみの搬入方法別のごみ量データ
処理の計算	処理オプション		○			○	○		処理のパラメータ設定
	収集オプション		○			○	○		収集のパラメータ設定
	D_Collection			○			○		収集輸送データ
	D_common			○			○		共通データ
	D_Recycle			○			○		資源選別施設データ
	D_RDF			○			○		RDF施設データ
	D_BULK			○			○		破砕処理施設データ
	D_Compost			○			○		堆肥化施設データ
	D_methane			○			○		メタン発酵施設データ
	D_GasMelt			○			○		ガス化溶融施設データ
	D_inciner			○			○		焼却施設データ
	D_Landfill			○			○		最終処分場データ
	RDFmodule					○		○	RDF施設program
	資源選別module					○		○	資源選別施設program
	ガス化溶融module					○		○	ガス化溶融施設program
	メタン発酵module					○		○	メタン発酵施設program
	最終処分module					○		○	最終処分場program
	収集輸送module					○		○	収集輸送program
	焼却module					○		○	焼却施設program
	堆肥化module					○		○	堆肥化施設program
	破砕module					○		○	破砕処理施設program
その他	初期設定module					○		○	デフォルト設定のprogram
	プログラムフロー	○					○		
	シート一覧	○					○		

図 2-22 プログラム全体の構成【シート一覧】

第3章 プログラムの詳細

使用する主な記号は以下のとおりであり，施設ごとに独立している（例えば，すべての施設で施設規模をSとしているが，数値は異なる）．また，式中では，データとして与える数値をイタリック（斜体）で示し，計算値と区別する．

- Q：ごみ量 [トン/年]　組成別の量は q^i [トン/年]
- S：施設規模 [トン/日]
- A：面積（床面積，敷地面積など）[m^2]
- N：人員数，車両台数
- U：電力・燃料消費量 [kWh/年, L/年]
- C：コスト [円/年]
- E：エネルギー消費量 [Mcal/年]
- G：二酸化炭素排出量 [kg-炭素/年]
- r：選別率，除去率，分解率 [−]
- a：設備の種類，有無によるコスト，エネルギーなどの増加割合（付加係数）
- b：単位量当たりのコストなど原単位

施設間で共通して用いるパラメータには，以下のものがある．これらはシート【D_Common】（図 1-6，図 1-7）で設定しており，任意に修正することができる．

- β：　年間稼働日数，人件費，地価など
- Ψ：コストの原単位　　　Ψ_s：コストの削減原単位
- ε：エネルギー消費量原単位　　ε_s：エネルギー消費量削減原単位
- θ：二酸化炭素排出量原単位　　θ_s：二酸化炭素排出量削減原単位

3.1 資源選別施設

アルミ選別方法は，【処理オプション】（図 2-10）で指定する．

3.1.1 設備構成等
（1）回収対象物
　①飲料容器
　　リターナブルびん，ワンウェイびん
　　スチール缶，アルミ缶
　　PETボトル

図 3-1 の上部の物質収支図：

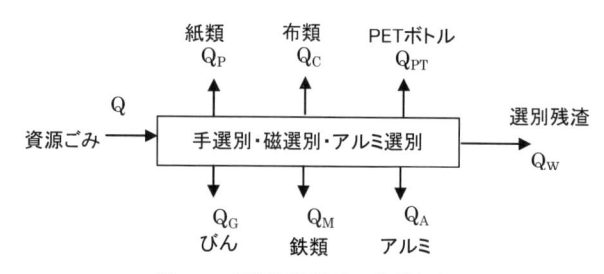

資源ごみ Q → 手選別・磁選別・アルミ選別 → 紙類 Q_P, 布類 Q_C, PETボトル Q_{PT}, 選別残渣 Q_W, びん Q_G, 鉄類 Q_M, アルミ Q_A

図 3-1 資源選別施設の物質収支

　②紙製容器包装
　　　段ボール，飲料用紙パック，紙箱・袋
　③容器包装以外の紙類
　　　新聞紙，雑誌，上質紙
　④布類

とし，これらを混合収集した後に選別する施設を想定する．施設内収支は，**図 3-1** のようになる．

(2) 機器構成

搬入物中に上記の品目が含まれていれば，回収対象物であると判断する．つまり，**図 2-5**（【A_1_1】）の「資源ごみ（自治体）」にゼロ以上の回収率を入れることで対象品目を指定する．上記以外の品目は，異物として扱われる（ただし，例えばびんのみが収集対象の場合に異物として缶の回収率を 0.01 とすると，缶も対象物であると判断されるので，異物混入は上記品目以外を指定する）．回収物によって，以下の機器構成を仮定する．

　①びん，PETボトル，紙類，布類　→　手選別を行う（ただし，びんとそれ以外は別々に手選別する）
　②スチール缶　→　磁選別機を必要とする．
　③アルミ缶　→　アルミ選別機あるいは手選別（選別率が異なる）とする．

(3) 施設規模

　施設搬入量　　$Q\,[\text{t/年}] = \sum q^i$
　施設規模　　$S\,[\text{t/日}] = \beta_1 Q / \beta_2$
　　　β_1：最大月変動係数（月収集量の最大値）（=1.2）
　　　β_2：年間稼働日数［日］（=310）

施設規模は，搬入量の季節変動を考慮し，最大月に対して設計する．

　延べ床面積　　$A_F\,[\text{m}^2] = (1 + \sum a_1^m) b_1 S + \sum b_2^m$
　　　a_1^m：設備の有無による延べ床面積の付加係数［−］
　　　　　以下の設備の有無による延べ床面積増加割合
　　　　　　$m=1$：手選別（びん）　　2：手選別（アルミ缶）　　3：手選別（その他）
　　　　　　　　4：磁選別　　　　5：アルミ選別機
　　　b_1：施設規模当たりの床面積［m²/(t/日)］（=40）
　　　b_2^m：回収品目によるストックヤードの付加面積［m²］

$m = 1$：びん　　　　2：スチール缶　　　　3：アルミ缶
　　　　4：PETボトル　　5：容器包装の紙類
　　　　6：容器包装以外の紙類　7：布類

用地面積　$A_L[m^2] = b_3 A_F$

　　b_3：用地面積/施設床面積［－］（=2.5）

例えば，びん，スチール缶，アルミ缶，PETボトルを回収し，アルミ缶はアルミ選別機によって選別するならば図 **3-2** の数値より，延べ床面積は $\{1+(0-0.25+0.25+0+0.3)\} \times 40S + (0+10+30+30+0+0+0)$ となる．付加係数 a は，標準的な施設あるいは設備構成のときを基準（ゼロ）とした増減割合であり，資源選別施設の場合は「受入供給＋破袋＋手選別（びんとアルミ缶）＋磁選別」を標準的と考えている．

3.1.2　資源物回収量

(1) 回 収 率

回収物ごとの回収率を以下のように設定する．

　　r_P^i：紙類　　r_C^i：布類　　r_{PT}^i：PETボトル　　r_G^i：びん（以上，手選別）
　　r_M^i：鉄類（磁選別）
　　r_{A1}^i：アルミ（手選別）　　r_{A2}^i：アルミ（アルミ選別機）

(2) 回 収 量

資源ごみ搬入量に対し，組成ごとの回収率を掛けて求める．例えば，紙類の回収量は $Q_P[t/年] = \sum r_P^i q^i$ で計算する．施設内収支は（図 **3-1** 参照）

資源回収量 $Q_B[t/年] = Q_P + Q_C + Q_{PT} + Q_G + Q_M + Q_A$

(3) 選 別 残 渣

選別残渣量 $Q_W[t/年] = Q - Q_B$

図 **2-5**（【A_1_1】）で対象物以外を資源ごみに配分すると，それらは不適物として残渣となる．

図 **2-3**（【排出ごみ設定】），図 **2-5** の設定のもとで計算すると（人口20万人），資源ごみ収集量は図 **2-7**，資源回収量，残渣量は図 **2-11** に示すようになり $Q = 4361t$，$Q_B = 4027t$，$Q_W = 334t$ である．マスバランスは図 **2-12** の物質フローにも示される．

3.1.3　ユーティリティ使用量

(1) 必 要 人 員

　　$N_P[人] = \text{CINT}(N_{P0} + b_4 S)$

　　N_{P0}：基準人員（手選別を除く人員）［人］（=5）
　　b_4：施設規模当たりの手選別人員［人/(t/日)］（=手選別あり 0.4　手選別なし 0.0）

「CINT」は小数部を四捨五入して整数化することを表す．（以下の節でも同じ）

(2) 電力・燃料使用量

施設搬入量（処理量）に比例すると考える．

　　電力使用量　$U_E[kWh/年] = (1 + \sum a_2^m) b_5 Q$

重油使用量 $U_O[\text{L}/年] = b_6 Q$

b_5：搬入量当たりの電力使用量 [kWh/t]（=13）

b_6：搬入量当たりの重油使用量 [L/t]（=1.6）

a_2^m：設備の有無による電力使用量の付加係数 [−]

$m = 1$：手選別（びん）　2：手選別（アルミ缶）
　　3：手選別（その他）　4：磁選別　5：アルミ選別機

(3) 水道使用量

資源選別施設で使う水は機械の冷却水，職員の生活用水でその量はわずかなので無視する．

3.1.4 コスト

(1) イニシャルコスト

施設建設費は，規模が大きくなるほどスケールメリット（規模の効果）があり，処理量当たりの単価が安くなる．一般的に知られている 0.7 乗則に従うとし，耐用年数で割って1 年当たりのコストとする（基準建設の 2 倍の規模の施設の場合，建設費は $2^{0.7} = 1.62$ 倍となる）．

建設費 $C_C[円/年] = (1 + \sum a_3^m) C_0 (S/S_0)^{0.7} / b_7$

C_0：基準建設費（$S = S_0$ のときの建設費）[円]（=2 億）

（受入供給 + 破袋 + 手選別（びんとアルミ缶）+ 磁選別 を標準とする）

S_0：基準とする施設規模 [t/日]（=10）

a_3^m：設備の有無による建設費の付加係数 [−]

$m = 1$：手選別（びん）　2：手選別（アルミ缶）
　　3：手選別（その他）　4：磁選別
　　5：アルミ選別機

b_7：施設の耐用年数 [年]（=20）

(2) ランニングコスト

$C_R[円/年] = C_P + C_E + C_O + C_M$

①人件費 $C_P[円/年] = \beta_3 N_{P0} + \beta_3'(N_P - N_{P0})$

施設職員と手選別人員（パート）を区別する．

②電力費 $C_E[円/年] = \Psi^1 U_E$

③燃料（重油）費 $C_O[円/年] = \Psi^2 U_O$

④整備補修費 $C_M[円/年] = b_8(b_7 C_C)$

b_8：イニシャルコストに対する整備補修費の割合 [1/年]（=0.02）
　　= 整備補修費 [円/年]/イニシャルコスト [円]

Ψ^1, Ψ^2：電力価格，重油価格

β_3, β_3'：一人当たりの施設職員，手選別人員の年間人件費

(3) 資源売却収入

$C_B[円/年] = \Psi_s^1 Q_P + \Psi_s^2 Q_C + \Psi_s^3 Q_{PT} + \Psi_s^4 Q_G + \Psi_s^5 Q_M + \Psi_s^6 Q_A$

$\Psi_s^1 \sim \Psi_s^6$：紙類，布類，PET ボトル，びん，スチール缶，アルミ缶の売却価格

3.1 資源選別施設

			あり	なし
a11	延べ床面積の付加係数(手選別びん)	-	0	-0.5
a12	(手選別アルミ缶)	-	0	-0.25
a13	(手選別その他)	-	0.25	0
a14	(磁選別)	-	0	-0.1
a15	(アルミ選別機)	-	0.3	0

			あり	なし
a21	電力使用量の付加係数(手選別びん)	-	0	-0.1
a22	(手選別アルミ缶)	-	0	-0.05
a23	(手選別その他)	-	0.05	0
a24	(磁選別)	-	0	-0.2
a25	(アルミ選別機)	-	0.2	0

			あり	なし
a31	建設費の付加係数(手選別びん)	-	0	-0.2
a32	(手選別アルミ缶)	-	0	-0.1
a33	(手選別その他)	-	0.1	0
a34	(磁選別)	-	0	-0.1
a35	(アルミ選別機)	-	0.2	0

			あり	なし
b21	ストックヤードの付加係数(びん)	m2	0	-20
b22	(スチール缶)	m2	10	0
b23	(アルミ缶)	m2	30	0
b24	(PETボトル)	m2	30	0
b25	(容器包装の紙類)	m2	20	0
b26	(容器包装以外の紙類)	m2	15	0
b27	(布類)	m2	20	0

b1	施設規模あたりの床面積	m2/(t/日)	40
b3	用地面積/延べ床面積	-	2.5
b4	施設規模あたりの手選別人員数	人/(t/日)	0.4	0
b5	搬入量あたりの電力使用量	kWh/t	13
b6	搬入量あたりの重油使用量	L/t	1.6
b7	施設の耐用年数		20
b8	イニシャルコストに対する整備補修費の割合	1/年	0.02
C0	基準建設費	千円	200,000
NP0	基準人員	人	5
S0	基準とする施設規模	t/日	10

<資源物回収率>	紙 rP	布 rC	PET rPT	ガラス rG	鉄 Mm	アルミ rA1	アルミ rA2
厨芥	0	0	0	0	0	0	0
新聞紙	0.95	0	0	0	0	0	0
雑誌	0.95	0	0	0	0	0	0
上質紙	0	0	0	0	0	0	0
段ボール	0.95	0	0	0	0	0	0
飲料用紙パック	0.95	0	0	0	0	0	0
紙箱、紙袋、包装紙	0	0	0	0	0	0	0
その他の紙(手紙、おむつ等)	0	0	0	0	0	0	0
布類	0	0.95	0	0	0	0	0
PETボトル	0	0	0.95	0	0	0	0
PETボトル以外のボトル	0	0	0	0	0	0	0
パック・カップ、トレイ	0	0	0	0	0	0	0
ブラ袋	0	0	0	0	0	0	0
その他のプラ(商品等)	0	0	0	0	0	0	0
スチール缶	0	0	0	0	0.95	0	0
アルミ缶	0	0	0	0	0	0.95	0.95
缶以外の鉄類	0	0	0	0	0.95	0	0
缶以外の非鉄金属類	0	0	0	0	0	0	0
リターナブルびん	0	0	0	0.95	0	0	0
ワンウェイびん(カレット)	0	0	0	0.95	0	0	0
その他のガラス	0	0	0	0	0	0	0
陶磁器類	0	0	0	0	0	0	0
ゴム・皮革	0	0	0	0	0	0	0
草木	0	0	0	0	0	0	0
繊維類(布団、カーペット等)	0	0	0	0	0	0	0
木材(タンス、椅子等)	0	0	0	0	0	0	0
自転車、ガスレンジ等	0	0	0	0	0	0	0
小型家電製品	0	0	0	0	0	0	0
大型家電製品	0	0	0	0	0	0	0

手選別 アルミ選別機

図 3-2 資源選別施設のデータ【D_Recycle】

(4) 土地購入費

$$C_L[円] = \beta_4 A_L$$
$$\beta_4: 地価 [円/m^2] \;(= 25\,000)$$

3.1.5 エネルギー消費量

$$E\,[\text{Mcal/年}] = E_D + E_I - E_S$$

①直接投入エネルギー $E_D\,[\text{Mcal/年}] = \varepsilon^1 U_E + \varepsilon^2 U_O$

②間接投入エネルギー $E_I\,[\text{Mcal/年}] = \varepsilon^{15} C_C + \varepsilon^{16} C_M$

建設費,整備補修費に,それぞれ「土木・建築工事」,「整備補修」の原単位(図 1-6)を掛けて求める.

③資源回収によるエネルギー削減量

$$E_S\,[\text{Mcal/年}] = \varepsilon_s^1 Q_P + \varepsilon_s^2 Q_C + \varepsilon_s^3 Q_{PT} + \varepsilon_s^4 Q_G + \varepsilon_s^5 Q_M + \varepsilon_s^6 Q_A$$

$\varepsilon^1, \varepsilon^2, \varepsilon^{15}, \varepsilon^{16}$:電力,重油,土木・建築費,整備補修費のエネルギー消費原単位

$\varepsilon_s^1 \sim \varepsilon_s^6$:紙類,布類,PETボトル,びん,スチール缶,アルミ缶回収によるエネルギー削減原単位

3.1.6 二酸化炭素排出量

$$G\,[\text{kg-C/年}] = G_D + G_I - G_S$$

① 直接二酸化炭素排出量 $G_D[\text{kg-C}/年] = \theta^1 U_E + \theta^2 U_O$
② 間接二酸化炭素排出量 $G_I[\text{kg-C}/年] = \theta^{15} C_C + \theta^{16} C_M$
③ 資源化による二酸化炭素削減量

$G_S[\text{kg-C}/年] = \theta_s^1 Q_P + \theta_s^2 Q_C + \theta_s^3 Q_{PT} + \theta_s^4 Q_G + \theta_s^5 Q_M + \theta_s^6 Q_A$

$\theta^1, \theta^2, \theta^{15}, \theta^{16}$：電力，重油，土木・建築費，整備補修費の二酸化炭素排出原単位
$\theta_s^1 \sim \theta_s^6$：紙類，布類，PETボトル，びん，スチール缶，アルミ缶の回収による二酸化炭素排出削減量

「kg-C」は炭素重量であり，44/12を掛けると二酸化炭素重量になる．最終的な結果（図 2-17【計算結果(表)】）では二酸化炭素重量で表示している．

3.2 堆肥化施設

副資材の種類，脱臭方法は，【処理オプション】（図 2-10）で指定する．

3.2.1 施設の構成

以下のものを基本フローと考える．

受入供給→破袋→破砕→前選別→一次発酵→後選別→二次発酵→堆肥保管

前選別は不適物除去，後選別は堆肥中のプラスチック除去を目的として行われ，また発酵は主発酵（一次）と熟成（二次）に分けられる．それらをまとめて物質収支を図 3-3 のように簡略化する．

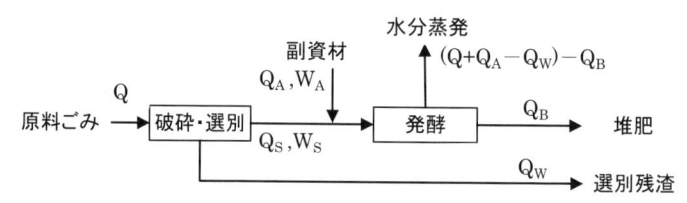

図 3-3 堆肥化施設における物質フロー

(1) 不適物選別

搬入ごみ量 $Q[\text{t}/年] = \sum q^i$
選別後のごみ量 $Q_S[\text{t}/年] = \sum q_S^i = \sum(1 - r_W^i) q^i$
堆肥化残渣量 $Q_W[\text{t}/年] = \sum q_W^i = \sum r_W^i q^i$
r_W^i：堆肥ごみ組成別の不適物除去率 $[-]$（湿ベース）

(2) 副資材添加

堆肥化原料の含水率，C/N 比（炭素/窒素比）は，それぞれ 60～70%，30～35 が適当とされている．生ごみは含水率が高く C/N 比が低いため，炭素分の多い副資材を加えて調整する必要がある．

水分 $< b_1$ とするために必要な副資材量

$Q_A \geqq (W_S - b_1) Q_S / (b_1 - W_A)$

C/N $> b_2$ とするために必要な副資材量

$$Q_A \geqq (C_S - b_2 N_S)Q_S/(b_2 N_A - C_A)$$

Q_A：副資材量［t/年］

b_1：含水率の目標値［−］（=0.65）

b_2：C/N 比の設定値［−］（=30）

W_S, N_S, C_S：選別後のごみの含水率，窒素量，炭素量［−］（湿ベース）

W_A, N_A, C_A：副資材の含水率，窒素量，炭素量［−］（湿ベース）

上記の 2 つの Q_A のうち，大きい方を採用すると水分，C/N 比を両方とも満足できる．

ごみの含水率，窒素量，炭素量は **1.3.3** で述べたように計算し，含水率は選別前後で変化する．副資材は新聞紙，もみがら，バーク（おがくず），稲わら，の中から【処理オプション】（図 2-10）で選択する．副資材の種類ごとに炭素含有量，窒素含有量，水分が異なるので，添加量が変わってくる．

(3) 施 設 規 模

$$S [t/日] = \beta_1(Q_S + Q_A)/\beta_2$$

(4) 発酵槽の形式

発酵槽には横型と竪型がある．滞留時間は竪型 2〜7 日，横型 20〜39 日程度であり，施設規模が大きいほど密閉式で臭気の問題がなく，スペースが小さくて済む竪型を採用する傾向がある．また二次発酵は小規模施設では床置き式（野積み式），大規模施設では機械化した竪型が採用される．以下のように，規模に応じて形式を決める．

　　一次発酵槽　　　$S \leqq 20$：横型　　　$S > 20$：竪型

　　二次発酵槽　　　$S \leqq 60$：床置き　　$S > 60$：竪型

(5) 脱 臭 方 式

図 2-10（【処理オプション】）で，土壌脱臭，コンポスト脱臭，薬液脱臭の中から選択する．土壌脱臭とは土壌の層にガスを通気し，微生物の働きにより悪臭物質を分解する方法で，屋外に広い面積を必要とするが安価である．コンポスト脱臭は，土壌の代わりにコンポスト層を用いる方法である．

(6) 延べ床面積

$$A_F [m^2] = b_3 S$$

b_3：施設の規模当たりの床面積［$m^2/(t/日)$］

　　（$S \leqq 20$ の場合 70，$20 < S \leqq 60$ の場合 55，$S > 60$ の場合 35）

(7) 用 地 面 積

$$A_L [m^2] = b_4 A_F$$

b_4：用地面積/施設の延べ床面積［−］

　　（土壌脱臭 4.5，コンポスト脱臭 4.5，薬液脱臭 1.8）

3.2.2 堆肥生産量

堆肥原料と副資材は堆肥化収率（製品堆肥に残る割合）が異なるので，区別して考える．出来上がった堆肥の含水率は，一定とする．

搬入ごみからの生産重量 $Q_C [t/年] = \sum q_G^i = \{q_S^i(1 - W^i)r_B^i\}/(1 - b_5)$

副資材からの生産重量　　$Q_{BA} = Q_A(1-W_A)r_A/(1-b_5)$
堆肥量合計　　　　　　　$Q_B = Q_C + Q_{BA}$
　　　W^i：組成ごとの含水率［−］
　　　r_B^i：堆肥ごみ組成ごとの堆肥化収率［−］（乾ベース）
　　　r_A：副資材の堆肥化収率（乾ベース）［−］（=0.55）
　　　b_5：堆肥の含水率［−］（=0.45）

3.2.3　ユーティリティ使用量
(1) 必要人員
　　　$N_P[人] = \text{CINT}(N_{P0} + b_6 S)$
　　　　N_{P0}：基準人員［人］（=2）
　　　　b_6：施設規模当たりの追加人員［人/(t/日)］（=0.2）

(2) 電力・燃料使用量
施設への全搬入量（搬入ごみ量と副資材量の合計）に比例すると考える．
　　　電力使用量　$U_E[\text{kWh/年}] = (1 + \sum a_1^m)b_7(Q + Q_A)$
　　　重油使用量　$U_O[\text{L/年}] = (1 + a_2)b_8(Q + Q_A)$
　　　　b_7：全搬入量当たりの電力使用量［kWh/t］（=80）
　　　　b_8：全搬入量当たりの重油使用量［L/t］（=4）　　（脱臭装置の使用量を除く）
　　　　a_1^m：施設の形式による電力使用量の付加係数［−］
　　　　　　　$m = 1$：一次発酵槽形式　　2：二次発酵槽形式　　3：脱臭装置形式
　　　　a_2：脱臭方式による重油使用量の付加係数［−］

(3) 水使用量
堆肥化施設のプラント内使用量は破砕機，選別機が水冷却式の場合の冷却水と職員の生活用水なので無視する．

(4) 薬品使用量
薬液脱臭方式は硫酸塔，次亜塩素酸ソーダ塔，苛性ソーダ塔を組み合わせる場合を基準とする．
　　　薬品使用量　$U_H[\text{t/年}] = U_{Na} + U_S + U_{NC}$
　　　苛性ソーダ使用量　$U_{Na}[\text{t/年}] = b_9(Q_S + Q_A)$
　　　硫酸使用量　$U_S[\text{t/年}] = b_{10}(Q_S + Q_A)$
　　　次亜塩素酸ソーダ使用量　$U_{NC}[\text{t/年}] = b_{11}(Q_S + Q_A)$
　　　　b_9：発酵槽への投入量当たりの苛性ソーダ使用量［t/t-原料］（=0.0003）
　　　　b_{10}：発酵槽への投入量当たりの硫酸使用量［t/t-原料］（=0.005）
　　　　b_{11}：発酵槽への投入量当たりの次亜塩素酸ソーダ使用量［t/t-原料］（=0.0）

3.2.4　コスト
(1) イニシャルコスト
　　　建設費　$C_C[\text{円/年}] = (1 + \sum a_3^m)C_0(S/S_0)^{0.7}/b_{12}$

S_0：基準とする施設規模 [t/日]（=10）

C_0：基準建設費（$S = S_0$ のときの建設費）[円]（=5億）

　　　一次発酵槽は横型式，二次発酵槽は床置き式，土壌脱臭方式を標準構成とする．

a_3^m：設備形式の違いによる建設費の付加係数 [−]

　　　$m = 1$：一次発酵槽形式　2：二次発酵槽形式　3：脱臭方式

b_{12}：施設の耐用年数 [年]（=20）

（2）ランニングコスト

ランニングコスト C_R [円/年] $= C_P + C_E + C_O + C_M + C_A$

①人件費 C_P [円/年] $= \beta_3 N_P$

②電力費 C_E [円/年] $= \Psi^1 U_E$

③燃料（重油）費 C_O [円/年] $= \Psi^2 U_O$

④薬品費 C_H [円/年] $= \Psi^4 U_{Na} + \Psi^5 U_S + \Psi^6 U_{NC}$

⑤整備補修費 C_M [円/年] $= b_{13}(b_{12})C_C$

⑥副資材購入費 C_A [円/年] $= b_{14}Q_A$

　b_{13}：イニシャルコストに対する整備補修費の割合 [1/年]（=0.02）

　b_{14}：副資材単価 [円/t]（=3 000）

（3）堆肥売却収入

C_B [円/年] $= \Psi_s^7 Q_B$

（4）土地購入費

C_L [円] $= \beta_4 A_L$

3.2.5　エネルギー消費量

E [Mcal/年] $= E_D + E_I - E_S$

①直接投入エネルギー E_D [Mcal/年] $= \varepsilon^1 U_E + \varepsilon^2 U_O$

②間接投入エネルギー E_I [Mcal/年] $= \varepsilon^4 U_{Na} + \varepsilon^5 U_S + \varepsilon^6 U_{NC} + \varepsilon^{15} C_C + \varepsilon^{16} C_M$

（薬品使用量による間接的消費量を加える．）

③資源回収によるエネルギー削減量 E_S [Mcal/年] $= \varepsilon_s^7 Q_B$

3.2.6　二酸化炭素排出量

G [kg-C/年] $= G_D + G_I - G_S$

①直接二酸化炭素排出量 G_D [kg-C/年] $= G_{DTC} \times 10^3 + \theta^1 U_E + \theta^2 U_O$

電力，重油使用のほか，有機物分解に伴う二酸化炭素発生量を加える．

堆肥化過程で発生する二酸化炭素発生量 G_{DTC} [t-C/年]

$= \{\sum q_S^i(1-r_B^i)C^i + Q_A(1-r_A)C_A\} \times \{r_{CO2} + 21(1-r_{CO2})\}$

r_{CO2}：ガス化した炭素のうち二酸化炭素になるものの割合 [−]（=1.0）

　　　（残りはメタンガスとする）

21：メタンガスの温暖化効果（二酸化炭素比．炭素量ベース）

a11	電力使用量の付加係数(一次発酵槽:横型/竪型)		0	0.2
a12	(二次発酵槽:床置き/竪型)		0	0.2
a13	(脱臭装置:土壌脱臭/コンポスト脱臭/薬液脱臭)		0	0	0
a2	重油使用量の付加係数(土壌脱臭/コンポスト脱臭/薬液脱臭)		0	0	0
a31	建設費の付加係数(一次発酵槽:横型/竪型)		0	0.5
a32	(二次発酵槽:床置き/竪型)		0	0.5
a33	(脱臭装置:土壌脱臭/コンポスト脱臭/薬液脱臭)		0	-0.1	0.3

b1	含水率の目標値	—	0.65		
b2	C/N比の設定値	—	30		
b3	施設規模あたりの床面積(S<20, 20<S<60, S>60)	m2/(t/日)	70	55	35
b4	用地面積/施設床面積 [—](土壌脱臭/コンポスト脱臭/薬液脱臭)	—	4.5	4.5	1.8
b5	堆肥の含水率 [—]	—	0.45		
b6	施設の規模あたりの追加人員数	人/(t/日)	0.2		
b7	堆肥化量あたりの電力使用量	kWh/t	80		
b8	堆肥化量あたりの重油使用量	L/t	4		
b9	発酵槽投入量あたりの苛性ソーダ使用量	t/t原料	0.0003		
b10	発酵槽投入量あたりの硫酸使用量	t/t原料	0.005		
b11	発酵槽投入量あたりの次亜塩素酸ソーダ使用量	t/t原料	0		
b12	施設の耐用年数	年	20		
b13	イニシャルコストに対する整備補修費の割合	1/年	0.02		
b14	添加物単価	千円/t	3		
C0	基準建設費	千円	500,000		
NP0	基準人員	人	2		
S0	基準とする施設規模	t/日	10		

副資材の特性値 単位:(湿ベース)		もみがら	新聞紙	バーク	稲わら
炭素 CA	—	0.368	0.436	0.417	0.449
窒素 NA	—	0.004	0.003	0.001	0.009
水分 WA	—	0.112	0.089	0.398	0.146

rA	副資材の堆肥化収率	t/t	0.55
rCO2	CO2転換率	—	1

	rw [—] 除去率	rB [—] 堆肥化率
厨芥	0.15	0.25
新聞紙	0.3	0.55
雑誌	0.3	0.55
上質紙	0.3	0.55
段ボール	0.3	0.55
飲料用紙パック	0.3	0.55
紙箱、紙袋、包装紙	0.3	0.55
その他の紙(手紙、おむつ等)	0.3	0.55
布類	0.9	1
PETボトル	0.9	1
PETボトル以外のボトル	0.9	1
パック・カップ、トレイ	0.9	1
プラ袋	0.9	1
その他のプラ(商品等)	0.9	1
スチール缶	0.95	1
アルミ缶	0.5	1
缶以外の鉄類	0.95	1
缶以外の非鉄金属類	0.5	1
リターナブルびん	0.5	1
ワンウェイびん(カレット)	0.5	1
その他のガラス	0.5	1
陶磁器類	0.5	1
ゴム・皮革	0.5	1
草木	0.15	0.55
繊維類(布団、カーペット等)	1	1
木材(タンス、椅子等)	1	1
自転車、ガスレンジ等	1	1
小型家電製品	1	1
大型家電製品	1	1
	湿ベース	乾ベース

図 3-4 堆肥化施設のデータ【D_Compost】

ここで，$(1-r_B^i)C^i$ は搬入ごみ中組成 i の 1 トン当たり分解量，$(1-r_A)C_A$ は副資材 1 トン当たりの分解量である．プラスチックは分解しないので，G_{DTC} はバイオマス由来の二酸化炭素排出量である．ただし，バイオマス由来であってもメタンガスとして排出されるものは「カーボンニュートラル」ではないので，【計算結果(表)】(図 2-17) の「非バイオマス由来（CO₂）」にはメタンガスとしての排出を含めて表示する．

② 間接二酸化炭素排出量 $G_I [kg\text{-}C/年] = \theta^4 U_{Na} + \theta^5 U_S + \theta^6 U_{NC} + \theta^{15} C_C + \theta^{16} C_M$

③ 堆肥化による二酸化炭素削減量 $G_S [kg\text{-}C/年] = \theta_s^7 Q_B$

3.3 メタン発酵施設

3.3.1 施設の概要
(1) 施 設 規 模

メタン発酵および固形残渣の堆肥化を行う施設を考える．物質フローは図 3-5 とする．運転エネルギー，コストは，堆肥化と水処理を含んだものとする．

搬入ごみ量 $Q [t/年] = \sum q^i$

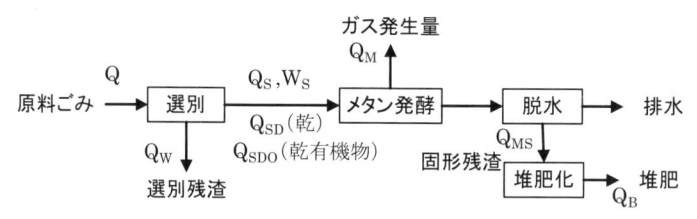

図 3-5 メタン発酵施設の物質収支

3.3 メタン発酵施設

施設規模　$S[t/d] = \beta_1 Q/\beta_2$

延べ床面積　$A_F[m^2] = b_1 S$

b_1：施設の規模当たりの床面積　$[m^2/(t/日)]$　$(=100)$

（2）不適物選別

選別残渣　$Q_W[t/年（湿）] = \sum q_W^i = \sum r_W^i q^i$

r_W^i：組成別の不適物除去率（堆肥化施設と同じ値をデフォルト値とする）

選別後の

ごみ量　$Q_S[t/年（湿）] = \sum q_S^i = \sum(1 - r_W^i)q^i$

乾ベースごみ量　$Q_{SD}[t/年（乾）] = \sum q_{SD}^i = \sum q_S^i(1 - W^i)$

有機物量　$Q_{SDO}[t/年（乾）] = \sum q_{SDO}^i = \sum q_S^i(1 - W^i - A^i)$

含水率　$W_S = (\sum q_S^i W^i)/Q_S$

炭素量　$C_S = (\sum q_S^i C^i)/Q_S$　（湿ベース）

W^i, A^i：原料ごみの組成ごとの含水率 $[-]$，灰分 $[-]$

3.3.2 メタンガス発生量

$Q_M[m^3/年] = b_2 \sum r_c^i q_{SDO}^i$　（他施設の Q とは単位が異なる）

r_c^i：組成別の分解率 $[-]$

（有機物乾ベース当たり．厨芥を 0.5，それ以外の組成は 0）

b_2：有機物 (VS) 当たりの理論メタンガス発生量 $[m^3\text{-}CH_4/t\text{-}VS]$ $(=350)$

（グルコースの理論値．組成により異なるが，簡単のため一定とする．）

メタン発酵後の固形物は

$Q_{MS}[t/年（乾）] = \sum(q_{SD}^i - r_c^i q_{SDO}^i) = \sum q_{MS}^i$

堆肥生産量　$Q_B[t/年（湿）] = \sum q_{MS}^i r_B^i/(1 - b_3)$

r_B^i：堆肥化収率（乾ベース．堆肥化処理と同じ．残りはガス化する）

b_3：堆肥の含水率 $[-]$ $(=0.45)$

3.3.3 ユーティリティ使用量

必要人員　$N_P[人] = \text{CINT}(N_{P0} + b_4 S)$

N_{P0}：基準人員 $[人]$ $=2$

b_4：施設規模当たりの追加人員 $[人/(t/日)]$ $(=0.06)$

電力使用量　$U_E[kWh/年] = b_5 Q$

b_5：処理量当たりの電力使用量 $[kWh/t]$ $(=40)$

水使用量　無視する

薬品使用量

苛性ソーダ使用量 $U_{Na}[t/年] = b_6 Q$

塩化鉄+高分子凝集剤使用量　$U_{CO}[t/年] = b_7 Q$

b_6：処理量当たり苛性ソーダ使用量 $[t/t\text{-}原料]$ $(=0.008)$

b_7：処理量当たり高分子凝集剤使用量 $[t/t\text{-}原料]$ $(=0.006)$

3.3.4 コスト
(1) イニシャルコスト

建設費 $C_C [千円/年] = C_0 (S/S_0)^{0.7} / b_8$

S_0：基準とする施設規模 [t/日] =35

C_0：基準建設費（$S = S_0$ のときの建設費）[円]（=13億）

b_8：施設の耐用年数 [年]（=20）

(2) ランニングコスト

$C_R = C_P + C_E + C_H + C_M$

①人件費 $C_P [千円/年] = \beta_3 N_P$

②電力費 $C_E [千円/年] = \Psi^1 U_E$

③薬品費 $C_H [千円/年] = \Psi^4 U_{Na} + \Psi^{24} U_{CO}$

④整備補修費 $C_M [千円/年] = b_9(b_8) C_C$

b_9：イニシャルコストに対する整備補修費割合 [1/年]（=0.02）

(3) 資源売却収入

メタンガス，堆肥の売却 $C_S [円/年] = \Psi_S^{16} Q_M + \Psi_S^7 Q_B$

(4) 土地購入費

$C_L [円] = \beta_4 A_L$

3.3.5 エネルギー消費量

①直接投入エネルギー $E_D [Mcal/年] = \varepsilon^1 U_E$

②間接投入エネルギー

$E_I [Mcal/年] = \varepsilon^4 U_{Na} + \varepsilon^{24} U_{CO} + \varepsilon^{15} C_C + \varepsilon^{16} C_M$

③資源回収によるエネルギー削減量

$E_S [Mcal/年] = \varepsilon_s^{16} Q_M + \varepsilon_s^7 Q_B$

3.3.6 二酸化炭素排出量

メタン発酵からの発生 (バイオマス由来)

$G_{DTC1} [t\text{-}C/年] = Q_M \times 0.4/0.6 \times 12/22.4$

$CH_4 : CO_2 = 0.6 : 0.4$ とし (炭素割合)，メタンガスは回収するので CO_2 換算しない．

堆肥化からの発生 (バイオマス由来)

$G_{DTC2} [t\text{-}C/年] = \sum q_{MS}^i (1 - r_B^i) C^i$

分解した有機物がすべて CO_2 になるとする．

①直接二酸化炭素排出量 $G_D [kg\text{-}C/年] = G_{DTC1} + G_{DTC2} + \theta^1 U_E$

②間接二酸化炭素排出量 $G_I [kg\text{-}C/年] = \theta^4 U_{Na} + \theta^{24} U_{CO} + \theta^{15} C_C + \theta^{16} C_M$

③メタン生産，堆肥化による二酸化炭素削減量

$G_S [t\text{-}C/年] = \varepsilon_s^7 Q_B + \varepsilon_s^{24} Q_M$

3.3 メタン発酵施設

b1	施設規模あたりの床面積	m2/(t/日ay)	100
b2	有機物(VS)あたりの理論メタンガス発生量	m3-CH4/t-VS	350
b3	堆肥の含水率	-	0.45
b4	施設規模あたりの追加人員	人/(t/日)	0.06
b5	処理量あたりの電力使用量	kWh/t	40
b6	処理量あたり苛性ソーダ使用量	t/t-原料	0.008
b7	処理量あたり高分子凝集剤使用量	t/t-原料	0.006
b8	施設の耐用年数	年	20
b9	イニシャルコストに対する設備補修費割合	1/年	0.02
b10	用地面積／施設床面積	-	2

C0	基準建設費	千円	1,300,000
Np0	基準人員	人	2
S0	基準とする施設規模	t/日	35

	rW [-] 除去率	rB [-] 堆肥化率	rC [-] 分解率
厨芥	0.15	0.25	0.5
新聞紙	0.3	0.55	0
雑誌	0.3	0.55	0
上質紙	0.3	0.55	0
段ボール	0.3	0.55	0
飲料用紙パック	0.3	0.55	0
紙箱、紙袋、包装紙	0.3	0.55	0
その他の紙(手紙、おむつ等)	0.3	0.55	0
布類	0.9	1	0
PETボトル	0.9	1	0
PETボトル以外のボトル	0.9	1	0
パック・カップ、トレイ	0.9	1	0
プラ袋	0.9	1	0
その他のプラ(商品等)	0.9	1	0
スチール缶	0.95	1	
アルミ缶	0.5	1	
缶以外の鉄類	0.95	1	
缶以外の非鉄金属類	0.5	1	
リターナブルびん	0.5	1	0
ワンウェイびん(カレット)	0.5	1	0
その他のガラス	0.5	1	0
陶磁器類	0.5	1	0
ゴム・皮革	0.5	1	0
草木	0.15	0.55	0
繊維類(布団、カーペット等)	1	1	0
木材(タンス、椅子等)	1	1	0
自転車、ガスレンジ等	1	1	0
小型家電製品	1	1	0
大型家電製品	1	1	0
	湿ベース	乾ベース	乾ベース

図 3-6 メタン発酵施設のデータ【D_Methane】

3.3.7 回 収 率

原料（選別後）当たりの回収率として，以下の割合を計算する．

メタンガス回収量
$$\eta_1 = Q_M/\{Q_S(1-W_S)\} \quad [\text{m}^3\text{-CH}_4/\text{dry-t 原料（乾ベース）}]$$

原料当たり堆肥生産量
$$\eta_2 = Q_B(1-b_3)/\{Q_S(1-W_S)\} \quad [\text{t 堆肥/t 原料（乾ベース）}]$$

メタンガスとしての炭素（カーボン）回収率
$$\eta_3 = Q_M/22.4 \times 12/(\sum q_S^i \times C^i) \quad [-]$$

3.4 RDF化施設

3.4.1 施設の概要
(1) 施設の構成

搬入物貯留→破砕→選別→[乾燥]→成形→RDF保管

が一般的なフローである．物質フローを図3-7に示す．乾燥機は搬入ごみの含水率 $W \geqq 0.15$ のとき設置する．

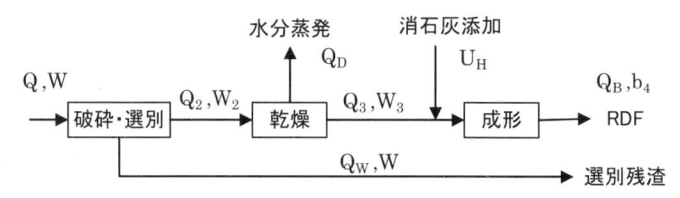

図3-7 RDF化施設の物質収支

(2) 施設規模

搬入ごみ量 $Q\,[t/年] = \sum q^i$

施設規模 $S\,[t/日] = \beta_1 Q/\beta_2$

延べ床面積　$A_F[m^2] = (1+a_1)b_1 S$

　a_1：乾燥機の有無による延べ床面積の付加係数［－］

　b_1：施設規模当たりの床面積［$m^2/(t/日)$］（=40）

　　ただし，乾燥がある場合を想定している．

用地面積　$A_L[m^2] = b_2 A_F$

　b_2：用地面積／延べ床面積［－］（=2.5）

3.4.2 物質収支
(1) 不適物の除去

選別後のごみ量 $Q_2[t/年] = \sum q_2^i = \sum(1-r_W^i)q^i$

不適物除去量 $Q_W[t/年] = \sum q_W^i = \sum r_W^i q^i$

　r_W^i：不適物除去率［－］

(2) 乾　　燥

RDFの腐敗を避けるには，含水率を10%以下とする必要がある．搬入ごみの含水率 W により，乾燥設備の有無を決定する．

　　$W > 0.15$ のとき　　水分蒸発量 $Q_D[t/年] = Q_2(W_2 - b_3)/(1-b_3)$

　　　　　　　　　　　　乾燥後の重量 $Q_3[t/年] = Q_2(1-W_2)/(1-b_3)$

　　　　　　　　含水率　　$W_3 = b_3$

　　$W < 0.15$ のとき　　水分蒸発量 $Q_D = 0.0$

　　　　　　　　　　$Q_3 = Q_2$,　　$W_3 = W_2$

　　　　b_3：乾燥後の含水率［－］（=0.08）

3.4 RDF化施設

(3) RDF成形量

保管時の腐敗防止，RDF燃焼時の塩化水素除去のため，消石灰を添加する．搬入ごみに対して消石灰添加率を設定し，成形操作によってごみの乾重量は変化せず，またRDFの含水率が一定値になるとすると，

RDF生産重量 $Q_B[t/年] = (Q_3(1-W_3) + b_8Q)/(1-b_4)$

b_4：RDFの含水率 ［－］（=0.06）
b_8：搬入ごみ当たりの消石灰添加率［－］（=0.01）

(4) 低位発熱量

搬入ごみ，乾燥後ごみ，RDFの発熱量は，それぞれの段階の元素組成より計算する（**1.3.3**参照）．

$H_L = 8100 \cdot C + 28850 \cdot H - 3040 \cdot O - 600 \cdot W$

C, H, O, W：ごみの炭素，水素，酸素，水分

3.4.3 ユーティリティ使用量の計算

(1) 必要人員

$N_P[人] = \mathrm{CINT}(N_{P0} + b_5 S)$

N_{P0}：基準人員［人］=5
b_5：施設規模当たりの追加人員 ［人/(t/日)］（=0.10）

(2) 電力・燃料使用量

電力使用量　$U_E[\mathrm{kWh}/年] = b_6 Q_B$

重油使用量　$U_O[L/年] = E_O/(b_7 \varepsilon^2)$

　　乾燥に必要なエネルギー（W > 0.15 の場合のみ）

$E_O[\mathrm{Mcal}/年] = \{0.33(1-W_2) + W_2\}(100-20)Q_2 + 539Q_D$

　　第一項は20°Cから100°Cまでの加熱，第二項は水分蒸発のためのエネルギー，0.33は廃棄物の比熱

b_6：RDF成形量当たりの電力使用量［kWh/t］（=240），b_7：乾燥効率［－］（=0.3）

(3) 水使用量

RDF化施設のプラント内水使用量は，破砕機や選別機が水冷却式の場合の冷却水と職員の生活用水なので無視する．

(4) 消石灰の使用量

薬品の使用量　$U_H[t/年] = b_8 Q_B$

3.4.4 コスト

(1) イニシャルコスト

建設費 $C_C[円/年] = C_0(1+a_2)(S/S_0)^{0.7}/b_9$

S_0：基準とする施設規模［t/d］（=10）
C_0：基準建設費（$S = S_0$のときの建設費）［円］（=10億）
a_2：乾燥機の有無による建設費の付加係数［－］

			あり	なし
a1	乾燥機の有無による延べ床面積の付加係数		0	-0.3
a2	乾燥機の有無による建設費の付加係数		0	-0.25

b1	施設規模あたりの床面積	m2/(t/日)	40
b2	用地面積／施設床面積	-	2.5
b3	乾燥後の含水率	-	0.08
b4	RDFの含水率	-	0.06
b5	施設規模あたりの追加人員	人/(t/日)	0.1
b6	RDF成形量あたりの電気使用量	kWh/t	240
b7	乾燥効率	-	0.3
b8	搬入ごみあたりの消石灰添加率	-	0.01
b9	施設の耐用年数	年	15
b10	イニシャルコストに対する整備補修費の割合 1/年		0.02
C0	基準建設費	千円	1,000,000
Np0	基準人員	人	5
S0	基準とする施設規模	t/日	10

組成	rW [-] 除去率
厨芥	0.005
新聞紙	0.01
雑誌	0.01
上質紙	0.01
段ボール	0.01
飲料用紙パック	0.01
紙箱、紙袋、包装紙	0.01
その他の紙（手紙、おむつ等）	0.01
布類	0.01
PETボトル	0.01
PETボトル以外のボトル	0.01
パック・カップ、トレイ	0.01
プラ袋	0.01
その他のプラ（商品等）	0.01
スチール缶	0.7
アルミ缶	0.01
缶以外の鉄類	0.7
缶以外の非鉄金属類	0.25
リターナブルびん	0.5
ワンウェイびん（カレット）	0.5
その他のガラス	0.5
陶磁器類	0.5
ゴム・皮革	0.01
草木	0.01
繊維類（布団、カーペット等）	0.01
木材（タンス、椅子等）	0.01
自転車、ガスレンジ等	1
小型家電製品	1
大型家電製品	1

図 3-8 RDF化施設のデータ【D_RDF】

b_9：施設の耐用年数［年］（=15）

(2) ランニングコスト

$C_R[円/年] = C_P + C_E + C_O + C_H + C_M$

①人件費 $C_P[円/年] = \beta_3 N_P$

②電力費 $C_E[円/年] = \Psi^1 U_E$

③燃料（重油）費 $C_O[円/年] = \Psi^2 U_O$

④薬品費 $C_H[円/年] = \Psi^{11} U_H$

⑤整備補修費 $C_M[円/年] = b_{10}(b_9 C_C)$

　b_{10}：イニシャルコストに対する整備補修費の割合［1/年］（=0.02）

(3) RDF売却収入

$C_B[円/年] = \Psi_s^8 Q_B$

　（図 1-7 では，逆有償を想定して Ψ_s^8 を負としている）

(4) 土地購入費

$C_L[円] = \beta_4 A_L$

3.4.5 エネルギー消費量

$E[Mcal/年] = E_D + E_I - E_S$

①直接投入エネルギー $E_D[Mcal/年] = \varepsilon^1 U_E + \varepsilon^2 U_O$

②間接投入エネルギー $E_I[Mcal/年] = \varepsilon^{11} U_H + \varepsilon^{15} C_C + \varepsilon^{16} C_M$

③RDF化によるエネルギー削減量 $E_S[Mcal/年] = \sum \varepsilon_s^8 Q_B$

3.4.6 二酸化炭素排出量

$G\,[\text{kg-C/年}] = G_D + G_I - G_S$

①直接二酸化炭素排出量 $G_D[\text{kg-C/年}] = \theta^1 U_E + \theta^2 U_O$

（RDF 化プロセスからの二酸化炭素の発生はないとする）

②間接二酸化炭素排出量 $G_I[\text{kg-C/年}] = \theta^{11} U_H + \theta^{15} C_C + \theta^{16} C_M$

③二酸化炭素削減量 $G_S[\text{kg-C/年}] = \sum \theta_s^8 Q_B$

（RDF 化による燃料の削減）

3.5 破砕処理施設

3.5.1 設備の概要
(1) 施設の構成

せん断式破砕機，回転式破砕機の両方を備え，それぞれ可燃性粗大物，不燃性粗大物を処理する施設を想定する．可燃性，不燃性は，搬入後に誘導，あるいはフロアで選別する．不燃ごみは不燃性粗大ごみと同じ処理を行う．機器構成は，以下のようであるとする．

  可燃性粗大物：せん断式破砕機，磁選機，ふるい選別機

  不燃性粗大物：回転式破砕機，磁選機，ふるい選別機，アルミ選別機

施設内の物質フローを図 **3-9** に示す．

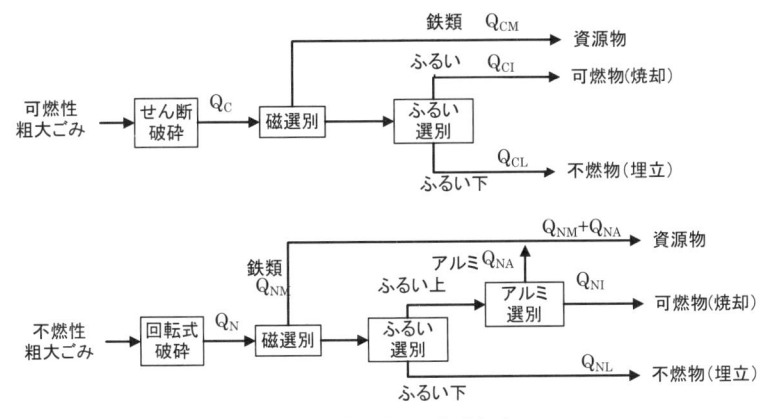

図 3-9 破砕施設の物質収支

(2) 施設規模

  搬入ごみ量 $Q\,[\text{t/年}] = \sum q^i$

  施設規模 $S\,[\text{t/日}] = \beta_1 Q/\beta_2$

  延べ床面積 $A_F[\text{m}^2] = b_1 S$

   b_1：施設規模当たりの延べ床面積 $[\text{m}^2/(\text{t/日})]$（=30）

  用地面積 $A_L[\text{m}^2] = b_2 A_F$

   b_2：用地面積/施設床面積 $[-]$（=4）

3.5.2 物質収支

粗大物としては，図 1-2 に示した

①繊維類，②木製家具，③自転車・ガスレンジ等，④小型家電製品，⑤大型家電製品の 5 項目を考える．①②を可燃性，③④⑤を不燃性と考える．

(1) 搬入物量 $Q = Z_1 + Z_2 + Z_3 + Z_4 + Z_5 + X$

$Z_1 \sim Z_5$：粗大物①～⑤の搬入物量 [t/年]

$X = \sum x^i$：粗大物以外の搬入量

(2) 破砕後の組成

粗大物ごとに破砕組成を仮定する．

y_k^i：粗大物 Z_k が破砕されたときの成分組成

(3) 可燃性粗大ごみ （Z_1, Z_2）

①破砕

破砕ごみ $Q_C [t/年] = \sum q_C^i = \sum (y_1^i Z_1 + y_2^i Z_2)$

②磁選別

鉄類回収量 $Q_{CM} [t/年] = \sum q_{CM}^i = \sum r_M^i q_C^i$

r_M^i：鉄類の磁選別率 [−]

③ふるい選別

ふるい上 $Q_{CI} [t/年] = \sum q_{CI}^i = \sum r_C^i (q_C^i - q_{CM}^i)$

ふるい下 $Q_{CL} [t/年] = \sum q_{CL}^i = \sum (1 - r_C^i)(q_C^i - q_{CM}^i)$

r_C^i：ふるい選別でのふるい上残留率 [−]

ふるい下を不燃物残渣として埋め立て，ふるい上を焼却する．

(4) 不燃性粗大ごみ （Z_3, Z_4, Z_5 および粗大物以外のごみ X）

①破砕

破砕ごみ $Q_N [t/年] = \sum q_N^i = \sum (y_3^i Z_3 + y_4^i Z_4 + y_5^i Z_5) + \sum x_i$

②磁選別

鉄類回収量 $Q_{NM} [t/年] = \sum q_{NM}^i = \sum r_M^i q_N^i$

③ふるい選別

ふるい上からアルミを回収し，ふるい下残渣は埋め立てる．

ふるい上　アルミ選別量 $Q_{NA} [t/年] = \sum q_{NA}^i = \sum r_A^i r_C^i (q_N^i - q_{NM}^i)$

　　　　　残渣焼却量 $Q_{NI} [t/年] = \sum q_{NI}^i = \sum (1 - r_A^i) r_C^i (q_N^i - q_{NM}^i)$

ふるい下　残渣埋立量 $Q_{NL} [t/年] = \sum q_{NL}^i = \sum (1 - r_C^i)(q_N^i - q_{NM}^i)$

r_A^i：アルミ選別率 [−]

(5) 焼却量，埋立量，資源回収量

粗大ごみの焼却量 $Q_I [t/年] = Q_{CI} + Q_{NI}$

粗大ごみの埋立量 $Q_L [t/年] = Q_{CL} + Q_{NL}$

資源物の回収量 $Q_B [t/年] = Q_{CM} + Q_{NM} + Q_{NA}$

3.5.3 ユーティリティ使用量

（1）必要人員

$$N_P[人] = \text{CINT}(N_{P0} + b_3 S)$$

　　N_{P0}：基準人員［人］（=5）

　　b_3：施設規模当たりの人員増分［人/(t/日)］（=0.15）

（2）電力・燃料使用量

　　電力使用量　$U_E[\text{kWh}/年] = b_4 Q$

　　重油使用量　$U_O[\text{L}/年] = b_5 Q$

　　　　b_4：粗大ごみ搬入量当たりの電力使用量［kWh/t］（=50）

　　　　b_5：粗大ごみ搬入量当たりの重油使用量［L/t］（=1.7）

（3）水使用量

　　水道水使用量 $U_W[\text{m}^3/年] = b_6 Q$

　　　　b_6：粗大ごみ搬入量当たりの水道水使用量［m^3/t］（=0.03）

3.5.4 コスト

（1）イニシャルコスト

　　建設費 $C_C[円/年] = C_0(S/S_0)^{0.7}/b_7$

　　　　S_0：基準とする施設規模［t/日］（=50）

　　　　C_0：基準建設費（$S = S_0$ のときの建設費）［円］（=12億）

　　　　　標準施設は破砕機+磁選別機+ふるい選別機を想定する．

　　　　b_7：施設の耐用年数［年］（=20）

（2）ランニングコスト

$$C_R[円/年] = C_P + C_E + C_O + C_W + C_M$$

　①人件費 $C_P[円/年] = \beta_3 N_P$

　②電力費 $C_E[円/年] = \Psi^1 U_E$

　③燃料費 $C_O[円/年] = \Psi^2 U_O$

　④水道費 $C_W[円/年] = \Psi^{12} C_W$

　⑤整備補修費 $C_M[円/年] = b_8(b_7 C_C)$

　　　b_8：建設費に対する整備補修費の割合［1/年］（=0.03）

（3）資源売却収入

$$C_B[円/年] = \Psi_s^5 Q_M + \Psi_s^6 Q_A$$

（4）土地購入費

$$C_L[円] = \beta_4 A_L$$

3.5.5 エネルギー消費量

$$E[\text{Mcal}/年] = E_D + E_I - E_S$$

　①直接投入エネルギー $E_D[\text{Mcal}/年] = \varepsilon^1 U_E + \varepsilon^2 U_O$

　②間接投入エネルギー $E_I[\text{Mcal}/年] = \varepsilon^{15} C_C + \varepsilon^{16} C_M$

b1	施設規模あたりの延べ床面積	m2／(t/日)	30
b2	用地面積／施設床面積	—	4
b3	施設規模あたりの人員数増分	人／(t/日)	0.15
b4	搬入量あたりの電力使用量	kWh/t	50
b5	搬入量あたりの重油使用量	L/t	1.7
b6	搬入量あたりの水使用量	m3/t	0.03
b7	施設の耐用年数	年]	20
b8	イニシャルコストに対する整備補修費の割合	1/年	0.03
C0	基準建設費	千円	1,200,000
Np0	基準人員	人	5
S0	基準とする施設規模	t/日	50

	破砕後の組成 [−]					選別回収率 [−]		
組成	y1 繊維類	y2 木製家具	y3 自転車など	y4 小型家電	y5 大型家電	磁選別	ふるい選別	アルミ選別
厨芥	0	0	0	0	0	0	0.9	0
新聞紙	0	0	0	0	0	0	0.9	0
雑誌	0	0	0	0	0	0	0.9	0
上質紙	0	0	0	0	0	0	0.9	0
段ボール	0	0	0	0	0	0	0.9	0
飲料用紙パック	0	0	0	0	0	0	0.9	0
紙箱、紙袋、包装紙	0	0	0	0	0	0	0.9	0
その他の紙(手紙、おむつ等)	0	0	0	0	0	0	0.9	0
布類	0.45	0	0	0	0	0	0.9	0
PETボトル	0	0	0	0	0	0	0.9	0
PETボトル以外のボトル	0	0	0	0	0	0	0.9	0
パック・カップ、トレイ	0	0	0	0	0	0	0.9	0
プラ袋	0	0	0	0	0	0	0.9	0
その他のプラ(商品等)	0.45	0	0	0.3	0.3	0	0.9	0
スチール缶	0	0	0	0	0	0.95	0.25	0
アルミ缶	0	0	0	0	0.5	0	0.25	0.5
缶以外の鉄類	0	0	0.8	0.5	0.1	0.95	0.25	0
缶以外の非鉄金属類	0	0	0	0.1	0	0	0.25	0.5
リターナブルびん	0	0	0	0	0	0	0.25	0
ワンウェイびん(カレット)	0	0	0	0	0	0	0.25	0
その他のガラス	0	0	0.1	0.1	0.1	0	0.25	0
陶磁器類	0	0	0.1	0	0	0	0.25	0
ゴム・皮革	0	0	0	0	0	0	0.25	0
草木	0.1	1	0	0	0	0	0.9	0
繊維類(布団、カーペット等)	0	0	0	0	0	0	0	0
木材(タンス、椅子等)	0	0	0	0	0	0	0	0
自転車、ガスレンジ等	0	0	0	0	0	0	0	0
小型家電製品	0	0	0	0	0	0	0	0
大型家電製品	0	0	0	0	0	0	0	0
						rM	rC	rA

図 3-10 破砕処理施設のデータ【D_Bulk】

③資源回収によるエネルギー削減量 $E_S [\text{Mcal}/\text{年}] = \varepsilon_s^5 Q_M + \varepsilon_s^6 Q_A$

3.5.6 二酸化炭素排出量

$G [\text{kg-C}/\text{年}] = G_D + G_I - G_S$

①直接二酸化炭素排出量 $G_D [\text{kg-C}/\text{年}] = \theta^1 U_E + \theta^2 U_O$

②間接二酸化炭素排出量 $G_I [\text{kg-C}/\text{年}] = \theta^{15} C_C + \theta^{16} C_M$

③資源化による二酸化炭素削減量 $G_S [\text{kg-C}/\text{年}] = \theta_s^5 Q_M + \theta_s^6 Q_A$

3.6 焼却施設

3.6.1 施設規模，炉型式，運転方式，炉数の設定
(1) 計画処理量

焼却施設には，家庭系可燃ごみ，事業系ごみなど収集後直接搬入されるごみのほかに，資源化処理等の残渣が搬入される．

$\quad$ 焼却ごみ量 $\quad Q\,[\mathrm{t/年}] = \sum q^i = \sum(z_1^i + z_2^i + \cdots + z_k^i)$

$\quad\quad Z_1, Z_2, \ldots Z_k$：収集後直接搬入されるごみ，および中間処理残渣

$\quad$ 計画処理量 $\quad S_d\,[\mathrm{t/日}] = \beta_1 Q/\beta_2 \quad$ （ごみ量が最大の月に処理すべき量）

$\quad\quad \beta_1$：ごみ搬入量の最大変動係数 $[-]$ （=1.2）

$\quad\quad \beta_2$：焼却施設の稼働日数 $[\mathrm{日/年}]$ （=365）（他施設とは異なる日数とする）

(2) 炉数（【処理オプション】で設定）

ダイオキシンガイドラインに従い，全連続式のみとする．任意に指定するか，以下のように施設規模により炉数 n を決める．

$\quad\quad 50 \leq S < 100 \quad 1$ 炉，$\quad 100 \leq S < 150 \quad 2$ 炉，$\quad 150 \leq S \quad 3$ 炉

(3) 施 設 規 模

炉の点検時の全量焼却［全量焼却/能力不足分を埋立］（【処理オプション】で設定）

焼却施設は，年に 1 度定期整備のため休止しなければならない．全量を焼却するためには，1 炉休止時に残りの炉で焼却を行うだけの施設規模が必要になる．一方，施設を完全に停止し，その間のごみは埋め立てるとの選択もある．いずれの場合も，ごみ量の少ない月に休止するよう計画する．全量焼却は 1 炉では不可能なので，**(2)** で 1 炉を指定した場合，自動的に 2 炉に変更する．

$\quad$ ①全量焼却のとき $\quad S\,[\mathrm{t/日}] = n\,b_1^n(S_d/\beta_1)/b_2/(n-1)$

$\quad$ ②炉点検時に不足分を埋立 $\quad S\,[\mathrm{t/日}] = S_d/b_2$

$\quad\quad n$：炉数

$\quad\quad b_1^n$：n 番目に小さな月変動係数（年平均を 1 としたときのごみ量）$[-]$

$\quad\quad b_2$：施設の稼働率 $[-]$ （=0.96）

(4) 全量焼却しない場合の直接埋立量

$\quad$ n 番目にごみの少ない月の直接埋立量 $[\mathrm{t/日}] = b_1^n(S_d/\beta_1) - (n-1)S/n$

$\quad$ 年間の直接埋立量 $\quad Q_L[\mathrm{t/年}] = \sum\{b_1^k(S_d/\beta_1) - (n-1)S/n\} \times 30 \quad$ （k = 1～n の和）

(5) 炉型式および機器構成

$\quad$ 炉形式 ［ストーカ炉/流動床炉］（【処理オプション】で設定）

$\quad$ 燃焼ガス冷却方式 ［ボイラ式/水噴射式］（【処理オプション】で設定）

$\quad$ 排ガス集塵設備：バグフィルター

$\quad$ HCl 処理：規制値（【処理オプション】で設定）によって［乾式/湿式］のいずれかとする（**3.6.2 (2)** 参照）．

NOx 処理：規制値（【処理オプション】で設定）によって［燃焼制御/無触媒脱硝法/触媒還元法］のいずれかとする（**3.6.2 (3)**参照）．

発電［最大発電/場内利用分のみ発電/なし］（【処理オプション】で設定）
　　（水噴射式の場合，発電はできない．ガス冷却設備の指定を優先する．）

集塵灰処理［溶融固化/焼却灰も溶融固化/薬剤処理およびセメント固化］（【処理オプション】で設定）

(6) 延べ床面積・用地面積

延べ床面積　$A_F[m^2] = \{1 + \sum a_1^m + (1 + \sum a_2^m)(V_W/V_{W0})b_3\}b_4 S$

V_{W0}：基準とする湿りガス発生量［m^3N/kg-ごみ］（=5.0）

V_W：湿りガス発生量［m^3N/kg］
　　　　（水噴射冷却室の水蒸気発生量を含む．**3.6.2 (1)**で計算）

b_3：床面積で排ガス処理施設が占める割合（基準湿りガス量）［－］（=0.05）

b_4：施設規模当たりの延べ床面積［$m^2/(t/日)$］（=30）

a_1^m：設備形式の違いによる付加係数［－］
　　　　$m = 1$：炉形式　　2：炉数　　3：発電　　4：集塵灰処理

a_2^m：排ガス処理方式による付加係数
　　　　$m = 1$：HCl 処理　　　2：NOx 処理

用地面積　$A_L[m^2] = b_5 A_F$

b_5：用地面積/施設床面積［－］（=2.0）

3.6.2 大気汚染防止装置
(1) 燃焼ガス量

理論空気量　$L_0[m^3N/kg] = \{8.89C + 26.7(H - O/8) + 3.33S\}$

湿り燃焼ガス量　$V_W[m^3N/kg] = (1.867C + 11.2H + 1.244W + 0.7S + 0.8N) + (\lambda - 0.21)L_0$

水噴射冷却の場合は，**3.6.3 (3)**で水蒸発量を加える．

乾き燃焼ガス量　$V_D[m^3N/kg] = (1.867C + 0.7S + 0.8N) + (\lambda - 0.21)L_0$

λ：空気比（=2.0）

C, H, O, N, S：ごみ中の炭素，水素，酸素，窒素，硫黄含有量（湿ベース）

ただし，S は計算に含めていない．

(2) HCl 放出濃度と除去装置形式の選択

①HCl 放出濃度の規制値［430/100/30 ppm］　　（【処理オプション】で設定）

②HCl 放出濃度

燃焼ガス中の酸素濃度 $D_{O2}[-] = \{0.21(\lambda - 1)L_0/V_D\}$

燃焼ガス中の HCl 濃度 $D_{HCl}[-] = 22.4 \times b_6 Cl/(35.5 V_D)$

Cl：ごみ中揮発性塩素割合［－］

b_6：燃焼ガス冷却部通過後の HCl 濃度残存割合［－］（ボイラー式 1.0, 水噴射式 0.9）

35.5：塩素の分子量［kg/kmol］

酸素濃度 12%換算燃焼ガス HCl 濃度 $D_{HCl(O2)}[-] = ((0.21 - 0.12)/(0.21 - D_{O2}))D_{HCl}$

③HCl 除去装置の選択

$(1-r_H)D_{HCl(O2)} >$ 規制値であれば湿式とする.

r_H：乾式法の HCl 除去率［－］（=0.93）

(3) NOx 放出濃度の規制値と NOx 除去装置の選択

規制値（【処理オプション】で設定）に応じて，以下のようにする．

150 ppm → 燃焼制御

100 ppm → 燃焼制御＋無触媒脱硝法

50 ppm → 燃焼制御＋触媒脱硝法

3.6.3 熱利用計画の決定

(1) ボイラ/水噴射 共通事項

1) 燃焼ガス冷却方式

［ボイラ/水噴射］（【処理オプション】で設定）

一般的に $S \geq 300$：ボイラ，$300 > S \geq 100$：ボイラ/水噴射，$100 > S$：水噴射

2) 場内の蒸気と電気使用量

①蒸気使用量

a) 空気加熱用　　$f_1[t/h] = \{0.544(S/100) + 0.298\}(H_L/H_L^0)^x$

（$H_L \geq 2\,000$ kcal/kg の場合は $f_1 = 0$）

b) 脱気器用　　$f_2[t/h] = (H_L/H_L^0)\{0.607(S/100) + 0.237\}$

c) スートブロー用　$f_3[t/h] = 0.14(S/100) + 0.358$

d) その他用　　$f_4[t/h] = 0.39(S/100) + 0.735$

$x = 0.195(S/100) + 0.289$

H_L^0：基準とする低位発熱量（$1\,000$ kcal/kg）

年間蒸気使用量　$F_P[t/年] = \sum F_k = \sum f_k \times 24 \times 365$　（$k = 1\sim4$）

（休炉により運転を停止する時期があるが，その際運転炉数が変化し複雑なので 365 日間蒸気を使用とする）

②場内電力使用量　$G_p[kWh/年] = (1 + \sum a_3^m)b_7Q + b_8Q_{Wf}$

Q_{Wf}：集塵灰量（**3.6.4 (2)** で計算）［t/年］

b_7：単位重量のごみ処理に必要な電気使用量 [kWh/t-ごみ]（=110）

b_8：単位重量の集塵灰（焼却灰含む）処理に必要な電気量 [kWh/t-灰]

（溶融固化電気式 700，燃料式 165，薬剤処理後セメント固化 30）

a_3^m：設備形式の違いによる場内使用電力量の付加係数 ［－］

$m = 1$：炉形式　2：燃焼ガス冷却　3：HCl 処理　4：発電

(2) ボイラ

熱利用フローを図 **3-11** に示す．

1) ボイラの回収熱量

①ボイラ回収熱量　$R[Mcal/年] = H_LQ \times b_{35}$　［Mcal/年］

H_L：ごみの低位発熱量 [kcal/kg]

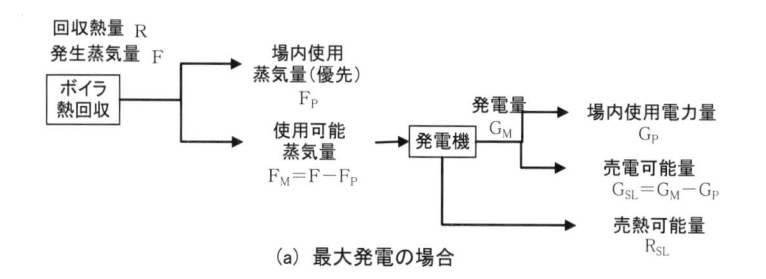

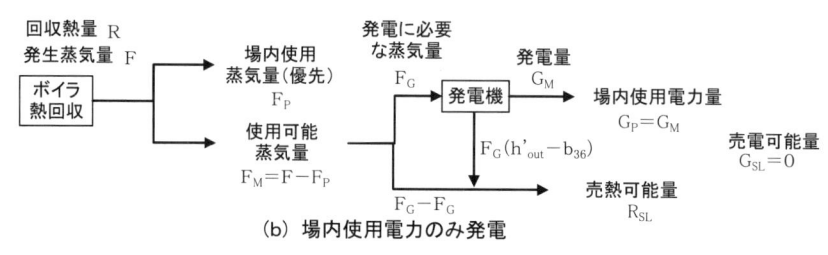

図 3-11 焼却施設の熱利用フロー

b_{35}：ごみの燃焼熱の回収率（＝ボイラ回収熱量/ごみ発熱量）[－]（＝0.7）

② 発生蒸気量　$F[t/年] = R/(h_S - h_{In})$

h_S：発生蒸気のエンタルピー [Mcal/t-steam]（＝717）

h_{In}：ボイラ給水のエンタルピー [Mcal/t-steam]（＝143）

③ 場内蒸気使用量　$F_P[t/年] = \sum F_k$　(k = 1〜4)

④ 場内熱使用量　$R_P[Mcal/年] = (h_S - b_{36})(F_1 + F_2 + F_4) + h_S F_3$

b_{36}：復水タンクへリターンする熱回収後の水のエンタルピー [Mcal/t-steam]（＝80）

⑤ 場外・発電に使用可能な蒸気量　$F_M[t/年] = F - F_P$

2) ボイラ式の余熱利用方式

発電方法 [最大発電/場内に必要な電気のみ発電/発電なし]（【処理オプション】で設定）

2-1) 最大発電の場合（復水タービン，使用可能蒸気量すべてを使用）

① 発電量　$G_M[kWh/年] = F_M \times h_S \times b_9/860 \times 1000$

b_9：復水タービンの発電効率 $= b_{37}(h_S - h_{out})/(h_S - b_{36})$ (= 0.246)

h_{out}：復水タービン排気のエンタルピー [Mcal/t-steam]（＝521）

b_{37}：タービンの断熱効率 [－]（＝0.8）

860：電気のエネルギー換算係数 [Mcal/MWh]

② 売電可能量　$G_{SL}[kWh/年] = G_M - G_P$

③ 売熱可能量　$R_{SL}[Mcal/年] = F_M \times (h_{out} - b_{36}) \times b_{10}$

b_{10}：最大発電の場合の廃熱の場外利用可能率 [－]＝0.0

2-2) 場内に必要な電気のみ発電の場合（背圧タービン，残存熱量が外部使用可能量）

① 発電に必要な蒸気量　$F_G[t/年] = 860 G_P/(b_{11} h_S) \times 10^{-3}$

h'_{out}：背圧タービンの排気のエンタルピー [Mcal/t-steam]（＝577）

b_{11}：背圧タービンの発電効率 [－] $= b_{37}(h_S - h'_{out})/(h_S - b_{36})$ (= 0.176)

②売熱可能量　　$R_{SL}[\text{Mcal/年}] = F_G(h'_{out} - b_{36}) + (F_M - F_G)(h_S - b_{36})\} \times b_{12}$

　　b_{12}：場内に必要な電気のみ発電の場合の廃熱の場外利用可能率 $[-]$（=0.2）

③発電量　　$G_M[\text{kWh/年}] = G_P$

④売電可能量　　$G_{SL}[\text{kWh/年}] = 0$

2-3）発電なし

①売熱可能量　　$R_{SL}[\text{Mcal/年}] = F_M(h_S - b_{36}) \times b_{13}$

　　b_{13}：発電がない場合の廃熱の場外利用可能率 $[-]$（=0.1）

②発電量と売電可能量　　$G_M[\text{kWh/年}] = 0,\ G_{SL} = 0$

（3）水噴射式

1）熱回収量と水噴射量

①熱回収量（半ボイラで 800°C → 400°C として回収）

全燃焼ガスを 1°C 上昇させるために必要な熱量

$$C_{PM}V_W[\text{kcal/kg°C}] = (22.4C/12) \times C_P^1 + \{22.4(H/2 + W/18)\} \times C_P^2$$
$$+ (22.4N/28 + 0.79\lambda L_0) \times C_P^3 + 0.21(\lambda - 1)L_0 \times C_P^4$$
$$= 0.866C + 4.166H + 0.463W + 0.252N + 0.249\lambda L_0 + 0.069(\lambda - 1)L_0$$

ここで　平均定圧容積比熱（1 atm, 0〜400°C）

$\quad C_P^1 = 0.464,\ C_P^2 = 0.372,\ C_P^3 = 0.315,\ C_P^4 = 0.329\quad [\text{kcal}/(\text{m}^3\text{N}\cdot\text{°C})]$

$\qquad$（i : 1=CO_2, 2=H_2O, 3=N_2, 4=O_2）

とし，C_{PM} は燃焼ガスの平均比熱である．

熱回収量　　$R[\text{Mcal/年}] = (0.98H_L - 400C_{PM}V_W)Q$

（放熱損失，焼却残渣が持ち出す熱，未燃による損失などを 2％と仮定）

②場内熱使用量（燃焼空気予熱用と暖房，給湯など）$R_P[\text{Mcal/年}] = (h_S - b_{36})(F_1 + F_4)$

③売熱可能量　　$R_{SL}[\text{Mcal/年}] = \{R - (h_S - b_{36})(F_1 + F_4)\} \times b_{14}$

　　b_{14}：水噴射式の場合の廃熱の場外利用可能率 $[-]$（=0.0）

④発電量と売電可能量　　$G_M[\text{kWh/年}] = G_{SL} = 0$

2）冷却水量

必要な冷却水量　$Q_{CL}[\text{t/年}] = C_{PM}V_W\ Q/3.563$

冷却水温度 20°C，水の蒸発潜熱 538.6 kcal/kg

平均定圧容積比熱を 0.378 kcal/(m^3N·°C)（=0.470 kcal/(kg°C)）より

$\quad \{(100 - 20) \times 1.0 + 538.6 + 0.470(400 - 200)\}Q_{CL} = (400 - 200)C_{PM}V_WQ$

水噴射による水蒸気発生量

$V_V[\text{m}^3\text{N/kg-ごみ}] = 22.4/18 \times (Q_{CL}/Q) = 349.27C_{PM}V_W$

（水噴射後の湿りガス量 V_W は $V_W + V_V$ となる．**3.6.2（1）**参照）

3.6.4　焼却残渣量

（1）焼却残渣量（乾量）　　$Q_W[\text{t/年}] = QA/(1 - b_{15})$

　　A：焼却ごみ中の灰分の割合 $[-]$

　　b_{15}：強熱減量 $[-]$（200 t/d 未満 0.05, 200 t/d 以上 0.03）

(2) 焼却灰と集塵灰の発生量（乾量）

集塵灰量　$Q_{Wf}[t/年] = r_f Q_W + Q_{Ca}$

焼却灰量　$Q_{Wb}[t/年] = (1 - r_f) Q_W$

r_f：焼却残渣中の集塵灰の割合 [−]（ストーカ炉 0.1，流動床炉 0.45）

Q_{Ca}：未反応の消石灰＋反応後生成する塩化カルシウム [t/年]（乾式処理の場合）

$Q_{Ca}[t/年] = \{(b_{16} - r_H) X_{HCL} \times (74/2) + r_H X_{HCL} \times (111/2)\} \times 10^{-3}$

（消石灰を用いる場合の反応式　$Ca(OH)_2 + 2HCl = CaCl_2 + 2H_2O$）

排ガス中 HCl　　$X_{HCL}[kmol/年] = V_D Q \times 10^3 \times D_{HCl}/22.4$

b_{16}：Ca/Cl の等量比 [−]（=3），　　74：消石灰の分子量 [kg/kmol]

111：塩化カルシウムの分子量 [kg/kmol]，　r_H：乾式法の HCl 除去率 [−]（=0.93）

(3) 集塵灰・焼却灰の処理（【処理オプション】で設定）

安定化処理［溶融固化（集塵灰のみ）/溶融固化（焼却灰も含む）/薬剤処理後セメント固化］

溶融固化の場合の使用エネルギー［電気/重油］

(4) 焼却灰，集塵灰処理物の重量（乾量）

1) 集塵灰

溶融するとき　スラグ　$Q_{slag\_f}[t/年] = b_{17} Q_{Wf}$

　　　　　　　処理集塵灰埋立量　$Q_{Wft}[t/年] = 0$

セメント固化のとき　スラグ　$Q_{slag\_f}[t/年] = 0$

　　　　　　　処理集塵灰埋立量　$Q_{Wft}[t/年] = b_{17} Q_{Wf}$

b_{17}：集塵灰の処理方法別重量の変化割合 [−]

（溶融固化 0.80，薬剤処理後セメント固化 1.30）

2) 焼却灰

溶融の場合　スラグ　$Q_{slag\_b}[t/年] = b_{18} Q_{Wb}$

　　　　　　焼却灰埋立量　$Q_{Wbt} = 0$

b_{18}：焼却灰の溶融固化物の重量変化割合 [−]（=0.90）

溶融しないとき　スラグ　$Q_{slag\_b} = 0$

　　　　　　焼却灰埋立量　$Q_{Wbt} = Q_{Wb}/(1 - b_{38})$

b_{38}：焼却灰の搬出時含水率 [−]

3) 焼却残渣埋立量（湿量）　　$Q_{LA}[t/年] = Q_{Wbt} + Q_{Wft}$

4) スラグ発生量　　　　　　　$Q_{slag} = Q_{slag\_b} + Q_{slag\_f}$

3.6.5 ユーティリティ使用量

(1) 必 要 人 員

$NP [人] = CINT(N_{P0} + b_{19} n + b_{20} S)$

N_{P0}：基準人員 [人]（=28）

b_{19}：一炉当たりの運転人員の追加 [人/炉]（=4）

b_{20}：施設規模当たりの炉運転以外に従事する人員の追加 [人/(t/日)]（=0.02）

（2）電力・燃料使用量

電力使用量 U_E

　　発電なしの場合　　$U_E[kWh/年] = G_P$

　　発電あり　$G_M < G_P$　のとき　　$U_E[kWh/年] = G_P - G_M$

　　　　　　　$G_M > G_P$　のとき　　$U_E[kWh/年] = 0$

重油使用量　　$U_O[L/年] = U_{OW} + U_{OA}$

①灰溶融固化用の重油使用量（重油による灰の溶融のみ）

　　$U_{OW}[L/年] = b_{21}Q_{Wf}$　　（集塵灰のみ溶融の場合）

　　　　　　　　$= b_{21}(Q_{Wf} + Q_{Wb})$　　（集塵灰・焼却灰の溶融固化の場合）

　　b_{21}：単位重量の灰の燃料式溶融固化に必要な重油量［L/t］（=250）

②補助燃料としての重油使用量（$H_L < 1000$ のとき）

　　$U_{OA}[L/年] = Q \times 10^3 \times (1000 - H_L)/(\varepsilon^2 \times 10^3) = Q(1000 - H_L)/\varepsilon^2$

（3）水使用量（排水の再利用なし）

水道水使用量　　$U_W[m^3/年] = b_{22}Q + Q_{CL} + b_{23}Q_{Wf}$

　　b_{22}：焼却ごみ搬入量当たりの水使用量［m^3/t］（=0.6）（冷却室噴射水・集塵灰処理用以外）

　　b_{23}：単位重量の集塵灰処理に必要な水量［m^3/t］（溶融固化 0.0，薬剤処理後セメント固化 0.30）

（4）薬剤使用量

$U_H = U_{Na} + U_{CH} + U_{WT} + U_{NH3} + U_{CT} + U_{Ca} + 触媒$

（触媒は，触媒脱硝法を採用する場合焼却ごみ量1トン当たりの費用として薬品費に含める）

①乾式処理法における消石灰吹込み量（バグ+消石灰吹込み）

　　消石灰吹込み量　　$U_{Ca}[t/年] = X_{HCL} \times (74/2) \times b_{16} \times 10^{-3}$

　　　b_{16}：Ca/Cl の等量比［－］（=3）

②湿式処理法における苛性ソーダ投入量

　　$NaOH + HCl = NaCl + H_2O$　　（SO_x はないとする）

　　$U_{Na}[t/年] = X_{HCL} \times 40 b_{24} \times 10^{-3}$

　　　b_{24}：NaOH/HCl の等量比［－］（=1.0）

　　　40：NaOH の分子量［kg/kmol］

③飛灰処理セメント，キレート剤使用量（薬剤処理後セメント固化処理の場合のみ）

　　セメント使用量　　$U_{CT}[t/年] = b_{25}Q_{Wf}$

　　キレート剤使用量　　$U_{CH}[t/年] = b_{26}Q_{Wf}$

　　　b_{25}：集塵灰単位重量当たりのセメント使用量［t/t-集塵灰］（=0.25）

　　　b_{26}：集塵灰単位重量当たりのキレート剤使用量［t/t-集塵灰］（=0.03）

④洗煙排水処理に必要な薬剤使用量（HCl 除去湿式の場合のみ）

　　洗煙排水処理用薬剤使用量　　$U_{WT}[t/年] = b_{27}b_{28}Q \times 10^{-3}$

　　　b_{27}：洗煙排水 1 m^3 当たりの薬剤使用量［kg/m^3］（=3.5）

b_{28}：ごみ 1 トン当たりの洗煙排水発生量 [m³/t]（=0.3）

⑤無触媒と触媒脱硝法における薬品消費量（アンモニアガス使用とする）

$$4NO + 4NH_3 + O_2 \rightarrow 4N_2 + 6H_2O$$

アンモニアガス使用量 U_{NH3}[t/年] $= b_{29}(V_D \times 10^3 \times Q/22.4) \times 150 \times 10^{-6} \times 17 \times 10^{-3}$

b_{29}：NH₃/NO の等量比 [−]（燃焼制御 0，無触媒脱硝法 1.0，触媒脱硝法 1.0）

17：アンモニアガスの分子量 [kg/kmol]

3.6.6 コスト

(1) イニシャルコスト

建設費　C_C[円/年] $= \{1 + \sum a_4^m + (1 + \sum a_5^m)(V_W/V_{W0})b_{30}\} \times C_0(S/S_0)^{0.7}/b_{31}$

S_0：基準とする施設規模 [t/日]（=200）
　　（発電あり，灰溶融ありを想定している）

C_0：基準建設費（$S = S_0$ のときの建設費）[円]（=100 億）

a_4^m：設備形式の違いによる建設費の付加係数 [−]
　　$m = 1$：炉形式　　2：炉数　　3：発電設備　　4：集塵灰処理

a_5^m：ガス処理方式の違いによる建設費の付加係数 [−]
　　$m = 1$：HCl 処理　　2：NOx 処理

b_{30}：建設費におけるガス処理設備が占める割合 [−]（=0.1）

b_{31}：施設の耐用年数 [年]（=20）

(2) ランニングコスト

$$C_R = C_P + C_E + C_O + C_W + C_H + C_M$$

①人件費　C_P[円/年] $= \beta_3 N_P$

②電力費　C_E[円/年] $= \Psi^1 U_E$

③燃料費　C_O[円/年] $= \Psi^2 U_O$

④水道費　C_W[円/年] $= \Psi^{12} U_W$

⑤薬品費　C_H[円/年] $= \Psi^4 U_{Na} + \Psi^7 U_{CH} + \Psi^8 U_{WT} + \Psi^9 U_{NH3} + \Psi^{10} U_{CT} + \Psi^{11} U_{Ca} + b_{32} Q$

$b_{32}Q$（触媒費）は NOx 除去装置が「燃焼制御+触媒脱硝法」の場合に加える．

⑥整備補修費　$C_M = b_{33}(b_{31} C_C)$

b_{32}：焼却ごみ搬入量当たりの脱硝触媒費 [円/t-ごみ]（=800）

b_{33}：イニシャルコストに対する整備補修費の割合 [1/年]（=0.02）

(3) 売電・売熱収入　C_B[円/年] $= \Psi_s^9 G_{SL} + \Psi_s^{10} R_{SL} + \Psi_s^{11} Q_{Slag}$

スラグを売却する．

(4) 土地購入費　C_L[円] $= \beta_4 A_L$

3.6.7 エネルギー消費量

$$E [Mcal/年] = E_D + E_I - E_S$$

①直接投入エネルギー　E_D[Mcal/年] $= \varepsilon^1 U_E + \varepsilon^2 U_O$

3.6 焼却施設

記号	項目	単位	値1	値2	値3
a11	延べ床面積の付加係数 炉形式(ストーカ/流動床)	—	0	0	
a12	炉数(1炉/2炉/3炉)	—	-0.05	0	0.05
a13	発電(最大発電/場内分発電/なし)	—	0	0	-0.2
a14	集塵灰処理(集塵灰溶融/焼却灰も溶融/薬剤セメント固化)	—	0	0	-0.1
a21	延べ床面積の付加係数 HCl処理(乾式/湿式)	—	0	0.35	
a22	NOx処理(燃焼制御/無触媒脱硝/触媒脱硝)	—	0	0.01	0.2
a31	場内使用電気量 炉形式(ストーカ/流動床)	—	0	0.1	
a32	燃焼ガス冷却(ボイラ/水噴射)	—	0	-0.1	
a33	HCl処理(乾式/湿式)	—	0	0.25	
a34	発電(最大発電/場内分発電/なし)	—	0	0	-0.02
a41	建設費の付加係数、炉形式(ストーカ/流動床)	—	0	0	
a42	炉数(1炉/2炉/3炉)	—	-0.1	0	0.13
a43	発電(最大発電/場内分発電/なし)	—	0	0	-0.1
a44	集塵灰処理(集塵灰溶融/焼却灰も溶融/薬剤セメント固化)	—	0	0	-0.08
a51	建設費の付加係数 HCl処理(乾式/湿式)	—	0	0.06	
a52	NOx処理(燃焼制御/無触媒脱硝/触媒脱硝)	—	0	0.01	0.03

記号	項目	単位	値	値2
C0	基準建設費	千円	10,000,000	
hout	復水タービンの出口エンタルピ	Mcal/t蒸気	521	
h'out	背圧タービンの出口エンタルピ	Mcal/t蒸気	577	
hs	発生蒸気のエンタルピー	Mcal/t蒸気	717	
Np0	基準人員	人	28	
rH	乾式法のHCl除去率	—	0.93	
rf	焼却残渣中の集塵灰の割合(ストーカ/流動床)	—	0.1	0.45
S0	基準とする施設規模	t/日	200	
Vwo	基準とする単位重量あたりの湿りガス発生量	m3/kgごみ	5	
λ	空気比	—	2	
hIn	ボイラ給水のエンタルピー	Mcal/t蒸気	143	
HL0	基準とする低位発熱量	kcal/kg	1000	

記号	項目	単位	値1	値2	値3
b1	n番目に小さな月変動係数	—	0.85	0.88	0.89
b2	施設の稼働率	—	0.96		
b3	床面積でガス処理施設が占める割合	—	0.05		
b4	施設規模あたりの床面積	m2/(t/日)	30		
b5	用地面積／施設床面積	—	2		
b6	燃焼ガス冷却部通過後のHCl濃度の残存割合(ボイラ式/水噴射式)	—	1	0.9	
b7	単位重量のごみ処理に必要な電気使用量	kWh/tごみ	110		
b8	集塵灰処理の電気使用量(溶融電気式/溶融燃料式/薬剤セメント固化)	kWh/t灰	0.7	0.165	0.03
b9	復水タービンの発電効率	—	0.246		
b10	最大発電の場合の廃熱の場外利用率	—	0		
b11	背圧タービンの発電効率	—	0.176		
b12	場外利用電力のみ発電の廃熱の場外利用率	—	0.2		
b13	発電がない場合の廃熱の場外利用率	—	0.1		
b14	水噴射式の廃熱の場外利用率	—	0		
b15	強熱減量(200t/日以下/200t/日以上)	—	0.05	0.03	
b16	Ca／Clの等量比 [－]	—	3		
b17	集塵灰処理方法別重量変化割合(溶融固化/薬剤セメント固化)	—	0.8	1.3	
b18	焼却灰の溶融固化物の重量変化割合	—	0.9		
b19	一炉あたりの運転人員追加	人/炉	4		
b20	施設規模当たりの炉運転以外に従事する人員追加	人/(t/日)	0.02		
b21	単位重量の灰の燃料式溶融固化に必要な重油量	L/t	250		
b22	焼却ごみ搬入量あたりの水使用量	m3/t	0.6		
b23	集塵灰処理の必要水量(集塵灰溶融/焼却灰も溶融/薬剤セメント固化)	m3/t	0	0	0.3
b24	NaOH/HClの等量比	—	1		
b25	集塵灰単位重量当たりセメント使用量	t/t	0.25		
b26	集塵灰単位重量当たりキレート使用量	t/t	0.03		
b27	洗煙排水1m3あたりの薬剤使用量	kg/m3	3.5		
b28	ごみ1トンあたりの洗煙排水発生量	m3/t	0.3		
b29	NH3/NO等量比(無触媒脱硝、触媒脱硝)	—	1		
b30	建設費におけるガス処理設備が占める割合	—	0.1		
b31	施設の耐用年数	年	20		
b32	焼却ごみ搬入量あたりの脱硝触媒費	円/t	800		
b33	イニシャルコストに対する整備補修費の割合	1/年	0.02		
b34	ガス除去施設での二酸化炭素捕集割合(乾式/湿式)	—	0	0	
b35	ごみ燃焼熱の回収率	—	0.7		
b36	復水タンクへリターンする熱回収後の水のエンタルピー	Mcal/t蒸気	80		
b37	タービンの断熱効率	—	0.8		
b38	焼却灰の搬出時含水率	—	0.2		

図 3-12 焼却施設のデータ【D_inciner】

② 間接投入エネルギー $E_I[\text{Mcal}/\text{年}] = \varepsilon^4 U_{Na} + \varepsilon^7 U_{CH} + \varepsilon^8 U_{WT} + \varepsilon^9 U_{NH3} + \varepsilon^{10} U_{CT}$
$\qquad\qquad\qquad\qquad\qquad + \varepsilon^{11} U_{Ca} + \varepsilon^{12} U_W + \varepsilon^{15} C_C + \varepsilon^{16} C_M$

③ 熱回収によるエネルギー削減量 $E_S[\text{Mcal}/\text{年}] = \varepsilon_s^9 G_{SL} \times 10^3 + \varepsilon_s^{10} R_{SL} + \varepsilon_s^{11} Q_{Slag}$

3.6.8 二酸化炭素排出量

$\qquad G\,[\text{kg-C}/\text{年}] = G_D + G_I - G_S$

① 直接二酸化炭素排出量 $G_D[\text{kg-C}/\text{年}] = (1 - b_{15})(1 - b_{34})CQ \times 10^3 + \theta^1 U_E + \theta^2 U_O$

$\qquad b_{34}$：ガス冷却・ガス除去施設での二酸化炭素捕集割合 $[-]$（乾式 0.0，湿式 0.0）

ごみ中の炭素のうち，プラスチック以外はバイオマス由来と考え，二酸化炭素排出量を区別する．

② 間接二酸化炭素排出量 $G_I[\text{kg-C}/\text{年}] = \theta^4 U_{Na} + \theta^7 U_{CH} + \theta^8 U_{WT} + \theta^9 U_{NH3} + \theta^{10} U_{CT}$
$\qquad\qquad\qquad\qquad\qquad + \theta^{11} U_{Ca} + \theta^{12} U_W + \theta^{15} C_C + \theta^{16} C_M$

③ 資源化による二酸化炭素削減量 $G_S[\text{kg-C}/\text{年}] = \theta_s^9 G_{SL} + \theta_s^{10} R_{SL} + \theta_s^{11} Q_{Slag}$

3.7 ガス化溶融施設

3.7.1 施設規模，炉型式，運転方式，炉数の設定

（1）計画処理量（焼却施設と同じ）

$\qquad S_d[\text{t}/\text{日}] = \beta_1 Q / \beta_2 \qquad$（ごみ量が最大の月に処理すべき量）

（2）炉数（【処理オプション】で設定）

ガス化溶融は埋立量を最小にしようとの考えがあるので，全量焼却を前提とし，炉数 n は 2 または 3 とする（すなわち必ず 1 炉は運転し，埋立はしない）．メーカーの資料によれば，24 時間運転するための最小炉規模は 20～50 t/24 h．3 炉以上の設計は 168 t/d～420 t/d である．したがって，S＜150：2 炉，150≦S：2 炉/3 炉 が目安となる．

（3）施 設 規 模

$\qquad S\,[\text{t}/\text{日}] = n\,b_1^{n-1}(S_d/\beta_1)/b_2/(n-1)$

$\qquad\qquad b_1^{n-1}$：n－1 番目に小さな月変動係数 $[-]$（n=2 のとき 0.88，n=3 のとき 0.89）

$\qquad\qquad b_2$：施設の稼働率 $[-]$（=0.96）

（4）炉型式の選定

キルン式，流動床式，シャフト式があるが，シャフト式は熱源としてコークスを投入する直接溶融方式であり，産出物としてスラグとメタルを取り出すため，ガス化炉，溶融炉が分離されている他の 2 つとは方式がかなり異なる．そのため，キルン炉あるいは流動床炉の数値を利用する．

（5）機器構成の選択

燃焼設備：ガス化炉形式［キルン/流動床/直接溶融］（【処理オプション】で設定）
 　（十分な情報がないので，違いがないとしている．）

燃焼ガス冷却方式：ボイラ式（水噴射式は用いない）

排ガス集塵設備：バグフィルター

HCl 処理設備：規制値（【処理オプション】で設定）により［乾式/湿式］のいずれかを選ぶ（焼却と同じ）

NOx 処理装置：規制値（【処理オプション】で設定）により［燃焼制御/無触媒脱硝/触媒還元法］のいずれかとする（焼却と同じ）

発電：［最大発電/場内利用分のみ発電］（発電は必ず行う）（【処理オプション】で設定）

蒸気発生条件：［30 kg/cm² かつ 300°C/40 kg/cm² かつ 400°C］（【処理オプション】で設定）

集塵灰（溶融飛灰）処理設備：薬剤処理+セメント固化

(6) 延べ床面積・敷地面積

延べ床面積　$A_F[m^2] = \{1 + \sum a_1^m\}b_3 S$

　　b_3：施設規模当たりの延べ床面積 $[m^2/(t/日)]$（=30）

　　a_1^m：設備形式の違いによる延べ床面積の付加係数 $[-]$

　　　　$m = 1$：ガス化炉形式　　2：炉数

　　　（発電，飛灰処理は一定とするので，影響しない．また排ガス量による違いを考えない．）

用地面積　$A_L[m^2] = b_4 A_F$

　　b_4：用地面積/施設床面積 $[-]$（=2.0）

3.7.2 大気汚染防止装置の決定

(1) 燃焼ガス量

理論空気量　$L_0[m^3N/kg] = \{8.89C + 26.7(H - O/8) + 3.33S\}$

湿り燃焼ガス量　$V_W[m^3N/kg] = (1.867C + 11.2H + 1.244W + 0.7S + 0.8N) + (\lambda - 0.21)L_0$

乾き燃焼ガス量　$V_D[m^3N/kg] = (1.867C + 0.7S + 0.8N) + (\lambda - 0.21)L_0$

　　　λ：空気比（=1.3．通常 1.1〜1.3 とされている．）

焼却処理と比べて空気比が小さいので，燃焼ガス量が少ない．

(2) **HCl 放出濃度と除去装置形式の選択**

HCl 放出濃度（焼却と同じ）

　　燃焼ガス中の酸素濃度 $D_{O2}[-] = \{0.21(\lambda - 1)L_0/V_D\}$

　　燃焼ガス中の HCl 濃度 $D_{HCl}[-] = 22.4 \times b_5 Cl/(35.5 V_D)$

　　　　Cl：ごみ中揮発性塩素割合 $[-]$

　　　　b_5：燃焼ガス冷却部通過後の HCl 濃度残存割合 $[-]$（=1.0）

　　　　35.5：塩素の分子量 $[kg/kmol]$

　　酸素濃度 12%換算燃焼ガス HCl 濃度 $D_{HCl(O2)}[-] = ((0.21 - 0.12)/(0.21 - D_{O2}))D_{HCl}$

HCl 除去装置の選択

　　$(1 - r_H)D_{HCl(O2)} >$ 規制値であれば湿式とする．

　　　　r_H：乾式法の HCl 除去率 $[-]$（=0.93）

(3) **NOx 放出濃度の規制値と NOx 除去装置の選択**（焼却と同じ）

規制値（【処理オプション】で設定）に応じて，以下のようにする．

150 ppm → 燃焼制御
100 ppm → 燃焼制御＋無触媒脱硝法
50 ppm   → 燃焼制御＋触媒脱硝法

3.7.3 熱利用計画の決定
(1) 共 通 事 項

1) 燃焼ガス冷却方式　すべてボイラとする（水噴射はなし）．
2) 場内の蒸気と電気使用量

①蒸気使用量（焼却と同じ．**3.6.3 (1)** の 2)①参照）

②場内電力使用量

$$G_P[\text{kWh/年}] = (1 + \sum a_2^m) b_6 Q$$

b_6：単位重量のごみ処理に必要な電気使用量 [kWh/t-ごみ]（=225）

a_2^m：設備形式の違いによる場内使用電力量の付加係数 [-]

$m = 1$：ガス化炉形式　　2：HCl 処理設備

飛灰処理に必要な電力を含む．実際には，低質ごみほどプラント電力量は減少する．

(2) ボ イ ラ

1) ボイラの回収熱量と発生蒸気量

発生蒸気条件 [30 kg/cm² かつ 300°C（従来）/40 kg/cm² かつ 400°C]（【処理オプション】で設定）

①ボイラの回収熱量

$$R[\text{Mcal/年}] = H_L Q \times b_{26} \quad [\text{Mcal/年}]$$

b_{26}：ごみの燃焼熱の回収率（=ボイラ回収熱量/ごみ発熱量）[-]（=0.7）

②発生蒸気量　$F[\text{t/年}] = R/(h_S - h_{In})$

h_S：発生する蒸気のエンタルピー [Mcal/t-steam]
　　（30 kg/cm², 300°C のとき 717, 40 kg/cm², 400°C のとき 768）

h_{In}：ボイラ給水のエンタルピー [Mcal/t-steam]（=143）

③場内蒸気使用量と熱使用量（記号は焼却施設 **3.6.3 (1)** と同じ）

場内蒸気使用量　$F_P[\text{t/年}] = \sum F_k \quad (k = 1 \sim 4)$

場内熱使用量　$R_P[\text{Mcal/年}] = (h_S - b_{27})(F_1 + F_2 + F_4) + h_S F_3$

b_{27}：復水タンクへリターンする熱回収後の水のエンタルピー [Mcal/t-steam]（=80）

④場外で使用可能な蒸気量　$F_M[\text{t/年}] = F - F_P$

2) ボイラ式の余熱利用方式

発電方法 [最大発電/場内に必要な電気のみ発電]（【処理オプション】で設定）

イ）最大発電の場合（復水タービン）

①最大発電量

場内蒸気使用量を差し引き，使用可能蒸気量すべてを発電機に投入するとして

$$G_M[\text{kWh/年}] = F_M h_s (h_s - h_{out})/(h_s - h_{in}) \times b_7/860 \times 1\,000$$

b_7：復水タービンの断熱効率 [-]（=0.8）

h_{out}：復水タービン排気のエンタルピー [Mcal/t-steam]（=521）

（タービン排気圧力 $0.25\,\mathrm{kg/cm^2}$）

② 売電可能量　　$G_{SL}[\mathrm{kWh/年}] = G_M - G_P$

③ 売熱可能量　　$R_{SL}[\mathrm{Mcal/年}] = F_M \times (h_{out} - b_{27}) \times b_8$

　b_8：最大発電の場合の廃熱の場外利用可能率 [−]（=0.0）

　　　（コジェネレーションを行うなら「>0」となる）

ロ）場内に必要な電気のみ発電の場合（背圧タービン）

① 発電に必要な蒸気量

$$F_G[\mathrm{t/年}] = 860 G_P / \{b_9(h_s - h'_{out})\} \times 10^{-3}$$

　h'_{out}：背圧タービンの排気のエンタルピー [Mcal/t-steam]（=577）

　　　（タービン排気圧力 $1.3\,\mathrm{kg/cm^2}$）

　b_9：背圧タービンの断熱効率 [−]（=0.8）

② 売熱可能量

$$R_{SL}[\mathrm{Mcal/年}] = \{F_G(h'_{out} - b_{27}) + (F_M - F_G)(h_S - b_{27})\} \times b_{10}$$

　b_{10}：場内に必要な電気のみ発電の場合の廃熱の場外利用可能率 [−]（=0.2）

　　　（R_{SL} の項は，それぞれタービン排気蒸気利用，高圧蒸気利用を表し，どちらか一方を使うのが一般的であるが，ここでは両方利用とする．）

③ 発電量　　$G_M[\mathrm{kWh/年}] = G_P$

④ 売電可能量　　$G_{SL}[\mathrm{kWh/年}] = 0$

3.7.4 焼却残渣量

(1) 焼却残渣量（乾量）（有機物はゼロとする）

ガス化炉における鉄，アルミ回収量 Q_{Fe}, Q_{Al}

　r_{Fe}, r_{Al}：ごみ中の鉄，アルミ回収率（=1.0）

スラグ量　$Q_{Ws}[\mathrm{t/年}] = (QA - Q_{Fe} - Q_{Al})b_{11}$

溶融飛灰量　$Q_{Wf}[\mathrm{t/年}] = (QA - Q_{Fe} - Q_{Al})(1 - b_{11}) + Q_{Ca}$

　b_{11}：スラグ化率 [−]　（=0.85）

Q_{Ca} は未反応の消石灰と反応後生成する塩化カルシウムの合計量であり，乾式処理の場合に発生する．

$$Q_{Ca}[\mathrm{t/年}] = \{(b_{12} - r_H)X_{HCL} \times (74/2) + r_H X_{HCL} \times (111/2)\} \times 10^{-3}$$

排ガス中の HCl のモル数 $X_{HCL}[\mathrm{kmol/年}] = V_D Q \times 10^3 \times D_{HCl}/22.4$

　b_{12}：Ca/Cl の等量比 [−]（=3）

　74：消石灰の分子量 [kg/kmol]

　111：塩化カルシウムの分子量 [kg/kmol]

(2) 溶融飛灰処理物の重量（乾量）

$$Q_{Wft}[\mathrm{t/年}] = (1 + b_{13} + b_{14})Q_{Wf}$$

　b_{13}：溶融飛灰単位重量当たりセメント添加率 [t/t 溶融飛灰]（=0.15）

　b_{14}：溶融飛灰単位重量当たりキレート添加率 [t/t 溶融飛灰]（=0.01）

3.7.5 ユーティリティ使用量

(1) 必要人員（焼却と同じ）

$$N_P[人] = \text{CINT}(N_{P0} + b_{15}n + b_{16}S)$$

N_{P0}：基準人員［人］（=28）

b_{15}：一炉当たりの運転人員の追加［人/炉］（=4）

b_{16}：施設規模当たりの炉運転以外に従事する人員の追加［人/(t/日)］（=0.02）

(2) 電力・燃料使用量

電力使用量 U_E

発電するが　$G_M < G_P$　の場合　　$U_E[\text{kWh/年}] = G_P - G_M$

　　　　　　$G_M > G_P$　の場合　　$U_E[\text{kWh/年}] = 0$

重油使用量は

補助燃料としての重油使用量（$H_L < 1500$ のとき）

$$U_{OA}[\text{L/年}] = Q \times 10^3 \times (1500 - H_L)/(\varepsilon^2 \times 10^3) = Q(1500 - H_L)/\varepsilon^2$$

ε^2：灯油（重油）のエネルギー原単位［Mcal/L］（=9.3）

（立ち上げ用，溶融炉のスラグホール部使用があるが，使用量全体の 8% 程度なので無視する）

(3) 水使用量

排水の再利用はしないとする．

水道水使用量 $U_W[\text{m}^3/\text{年}] = b_{17}Q + b_{18}Q_{Wf}$

b_{17}：焼却ごみ搬入量当たりの水使用量（集塵灰処理用以外）［m^3/t］（=0.6）

b_{18}：単位重量の集塵灰処理に必要な水量［m^3/t］（薬剤処理後セメント固化）（=0.30）

(4) 薬剤使用量

①消石灰の吹込み量（バグ+消石灰吹込み）（乾式処理の場合）

$$U_{Ca}[\text{t/年}] = X_{HCL} \times (74/2) \times b_{12} \times 10^{-3}$$

b_{12}：Ca/Cl の等量比［－］（=3）

②苛性ソーダ量の投入量（湿式処理の場合）

$$U_{Na}[\text{t/年}] = X_{HCL} \times 40 b_{19} \times 10^{-3}$$

b_{19}：NaOH/HCl の等量比［－］（=1.0）

40：NaOH 分子量［kg/kmol］

③セメント，キレート剤使用量

セメント使用量　　$U_{CT}[\text{t/年}] = b_{13}Q_{Wf}$

キレート剤使用量　$U_{CH}[\text{t/年}] = b_{14}Q_{Wf}$

④洗煙排水処理に必要な薬剤使用量（HCl 除去装置が湿式の場合）

$$U_{WT}[\text{t/年}] = b_{20}Q \times 10^{-3}$$

b_{20}：ごみ 1 トン当たりの薬剤使用量［kg/t］（=1.0）

⑤無触媒と触媒脱硝法における薬品消費量

アンモニアガスの使用量は

$$U_{NH3}[\text{t/年}] = b_{21}(V_D \times 10^3 \times Q/22.4) \times 150 \times 10^{-6} \times 17 \times 10^{-3}$$

b_{21}：NH_3/NO の等量比 ［－］（=1.0）

3.7.6 コスト
(1) イニシャルコスト

$$C_C[円/年] = \{1 + \sum a_3^m\} \times C_0(S/S_0)^{0.7}/b_{22}$$

S_0：基準とする施設規模 ［t/日］（=200）
C_0：基準建設費（$S = S_0$ のときの建設費）［円］（=100億）
a_3^m：設備形式の違いによる建設費の付加係数 ［－］
$\qquad m = 1$：炉形式　　　2：炉数
b_{22}：施設の耐用年数 ［年］（=20）

(2) ランニングコスト

$$C_R = C_P + C_E + C_O + C_W + C_H + C_M$$

① 人件費 $C_P[円/年] = \beta_3 N_P$
② 電力費 $C_E[円/年] = \Psi^1 U_E$
③ 燃料費 $C_O[円/年] = \Psi^2 U_O$
④ 水道費 $C_W[円/年] = \Psi^{12} U_W$
⑤ 薬品費 $C_H[円/年] = \Psi^4 U_{Na} + \Psi^7 U_{CH} + \Psi^8 U_{WT} + \Psi^9 U_{NH3} + \Psi^{10} U_{CT} + \Psi^{11} U_{Ca}$
$\qquad\qquad\qquad\qquad + b_{23} Q$

（$b_{23}Q$（触媒費）は NOx 除去装置が「燃焼制御＋触媒脱硝法」の場合のみ）

⑥ 整備補修費 $C_M = b_{24}(b_{22} C_C)$

b_{23}：焼却ごみ搬入量当たりの脱硝触媒費 ［円/t-ごみ］（=800）
b_{24}：イニシャルコストに対する整備補修費の割合 ［1/年］（=0.02）

(3) 売電・売熱・回収物販売収入

$$C_B[円/年] = \Psi_s^9 G_{SL} + \Psi_s^{10} R_{SL} + \Psi_s^5 Q_{Fe} + \Psi_s^6 Q_{Al} + \Psi_s^{11} Q_{Ws}$$

(4) 土地購入費

$$C_L[円] = \beta_4 A_L$$

3.7.7 エネルギー消費量

$$E [Mcal/年] = E_D + E_I - E_S$$

① 直接投入エネルギー $E_D[Mcal/年] = \varepsilon^1 U_E + \varepsilon^2 U_O$
② 間接投入エネルギー $E_I[Mcal/年] = \varepsilon^4 U_{Na} + \varepsilon^7 U_{CH} + \varepsilon^8 U_{WT} + \varepsilon^9 U_{NH3} + \varepsilon^{10} U_{CT}$
$\qquad\qquad\qquad\qquad\qquad + \varepsilon^{11} U_{Ca} + \varepsilon^{12} U_W + \varepsilon^{15} C_C + \varepsilon^{16} C_M$

③ 熱・物質回収によるエネルギー削減量

$$E_S[Mcal/年] = \varepsilon_s^9 G_{SL} \times 10^3 + \varepsilon_s^{10} R_{SL} + \varepsilon_s^5 Q_{Fe} + \varepsilon_s^6 Q_{Al} + \varepsilon_s^{11} Q_{Ws}$$

3.7.8 二酸化炭素排出量

$$G [kg\text{-}C/年] = G_D + G_I - G_S$$

① 直接二酸化炭素排出量 $G_D[kg\text{-}C/年] = CQ \times 10^3 + \theta^1 U_E + \theta^2 U_O$

記号	説明	単位	値	値2
a11	延べ床面積の付加係数 炉形式(キルン/流動床/直接溶融)		0 0	0
a12	炉数(2炉/3炉)		0	0.05
a21	場内使用電力量の付加係数 炉形式(キルン/流動床/直接溶融)		0 0	0
a22	HCl処理設備(乾式/湿式)		0	0.25
a31	建設費の付加係数 炉形式(キルン/流動床/直接溶融)		0 0	0
a32	炉数 (2炉/3炉)		0	0.13
λ	空気比	−	1.3	
rH	乾式法のHCl除去率		0.93	
HL0	基準とする低位発熱量	kca/kg	1000	
hS	発生する蒸気のエンタルピー	Mcal/t蒸気	717	808
hIn	ボイラ給水のエンタルピー	Mcal/t蒸気	143	
hout	復水タービン排気のエンタルピー	Mcal/t蒸気	521	
h'out	背圧タービンの排気のエンタルピー	Mcal/t蒸気	577	
NP0	標準人員	人	28	
S0	基準とする施設規模	t/日	200	
C0	基準建設費	千円	10,000,000	
rAl	ガス化炉におけるアルミ回収率	−	1	
rFe	ガス化炉における鉄回収率	−	1	
b1	n番目に小さな月変動係数(n=2,3)	−	0.88	0.89
b2	施設の稼働率		0.96	
b3	施設規模あたりの延べ床面積	m2/(t/日)]	30	
b4	用地面積／施設床面積		2	
b5	燃焼ガス冷却部通過後のHCl濃度残存割合	−	1	
b6	単位重量のごみ処理に必要な電気使用量	kWh/tごみ	225	
b7	復水タービンの断熱効率	−	0.8	
b8	最大発電の場合の廃熱の場外利用可能率	−	0	
b9	背圧タービンの断熱効率	−	0.8	
b10	場内に必要な発電の場合の廃熱の場外利用可能率	−	0.2	
b11	スラグ化率	−	0.85	
b12	Ca/Clの等量比(HCl乾式処理)	−	3	
b13	溶融飛灰あたりセメント添加率	t/t飛灰	0.15	
b14	溶融飛灰あたりキレート添加率	t/t飛灰	0.01	
b15	一炉あたりの運転人員の追加	人/炉	4	
b16	施設規模あたりの人員の追加	人/(t/日)	0.02	
b17	焼却ごみ搬入量あたりの水使用量	m3/t	0.6	
b18	単位重量の集塵灰処理に必要な水量	m3/t	0.3	
b19	NaOH/HClの等量比(HCl湿式処理)	−	1	
b20	ごみ1トンあたりの薬剤使用量	kg/t	1	
b21	NH3/NOの等量比	−	1	
b22	施設の耐用年数	年	20	
b23	焼却ごみ搬入量あたりの脱硝触媒費	円/t	800	
b24	イニシャルコストに対する整備補修費割合	円/t	0.02	
b26	ごみ燃焼熱の回収率(=ボイラ回収/ごみ発熱量)	−	0.7	
b27	復水タンクリターン後の水のエンタルピー	Mcal/t蒸気	80	

図 3-13 ガス化溶融施設のデータ【D_GasMelt】

②間接二酸化炭素排出量 $G_I[kg\text{-}C/年] = \theta^4 U_{Na} + \theta^7 U_{CH} + \theta^8 U_{WT} + \theta^9 U_{NH3} + \theta^{10} U_{CT}$
$$+ \theta^{11} U_{Ca} + \theta^{12} U_W + \theta^{15} C_C + \theta^{16} C_M$$

③資源化による二酸化炭素削減量

$$G_S[kg\text{-}C/年] = \theta_s^9 G_{SL} + \theta_s^{10} R_{SL} + \theta_s^5 Q_{Fe} + \theta_s^6 Q_{Al} + \theta_s^{11} Q_{Ws}$$

3.8 最終処分場

海面埋立は特別なケースなので陸上埋立のみを対象とする．

3.8.1 最終処分場の規模
(1) 埋立ごみ容積
1) 搬入ごみ

$Z_1, Z_2, \ldots Z_k$：直接または各処理プロセスから埋立地に搬入されるごみ

埋立ごみ量 $Q \, [\text{t}/\text{年}] = \sum q^i = \sum(z_1^i + z_2^i + \cdots + z_k^i)$

2) 埋立後のごみ k の容積

ごみは，破砕されているかどうかによって埋立後の圧縮率が異なる．また，破砕処理によって搬入時点でのかさ密度が変化している．図 **3-14** のように設定する．

$V_k [\text{m}^3/\text{年}] = \sum z_k^i/(\rho^i c_N^i)$　未破砕のごみ（直接搬入ごみ）

$\phantom{V_k [\text{m}^3/\text{年}]} = \sum z_k^i/(\xi^i \rho^i c_S^i)$　破砕処理されたごみ・中間処理残渣

ρ^i：収集時のごみ組成 i のかさ密度 $[\text{t}/\text{m}^3]$

ごみの組成別埋立時のかさ密度　組成	収集時かさ密度	破砕によるかさ密度増加率	圧縮係数(未破砕)CN ブルドーザ	コンパクタ	圧縮係数(破砕)CS ブルドーザ	コンパクタ	限界保水率
厨芥	0.7	1.0	1.5	1.6	1.5	1.6	0.4
新聞紙	0.4	1.0	1.5	1.6	1.5	1.5	0.4
雑誌	0.4	1.0	1.5	1.6	1.5	1.5	0.4
上質紙	0.4	1.0	1.5	1.6	1.5	1.5	0.4
段ボール	0.3	1.0	1.5	1.8	1.5	2.2	0.4
飲料用紙パック	0.3	1.0	3.0	4.0	3.0	4.8	0.4
紙箱、紙袋、包装紙	0.3	1.0	2.5	3.0	2.5	3.4	0.4
その他の紙（手紙、おむつ等）	0.4	1.0	2.0	2.5	2.0	3.0	0.4
布類	0.2	1.0	2.0	2.0	2.0	2.4	0.4
PETボトル	0.1	1.0	5.0	8.0	3.4	8.0	0.01
PETボトル以外のボトル	0.1	1.5	5.0	8.0	3.4	6.4	0.01
パック・カップ、トレイ	0.1	1.5	5.0	6.0	5.0	6.5	0.01
プラ袋	0.2	1.0	5.0	5.0	5.0	10.0	0.01
その他のプラ（商品等）	0.2	1.0	4.0	5.0	2.7	3.8	0.01
スチール缶	0.2	1.0	5.0	8.0	3.4	8.0	0.01
アルミ缶	0.1	1.5	5.0	8.0	3.4	4.7	0.01
缶以外の鉄類	0.3	1.5	5.0	8.0	3.4	7.0	0.01
缶以外の非鉄金属類	0.1	1.5	5.0	10.0	3.4	9.3	0.01
リターナブルびん	0.8	1.5	1.5	2.0	1.0	1.5	0.01
ワンウェイびん（カレット）	0.4	1.5	5.0	5.2	3.4	3.7	0.01
その他のガラス	0.3	1.5	5.0	6.5	3.4	4.7	0.01
陶磁器類	0.4	1.5	3.0	5.5	2.0	3.7	0.01
ゴム・皮革	0.2	1.5	3.0	3.0	2.0	3.5	0.1
草木	0.3	1.5	2.0	2.0	1.4	1.6	0.35
繊維類（布団、カーペット等）	0.2	1.5	2.0	2.0	1.0	1.0	0.4
木材（タンス、椅子等）	0.1	1.5	2.0	2.5	1.0	1.0	0.3
自転車、ガスレンジ等	0.3	1.5	2.0	2.5	1.0	1.0	0.01
小型家電製品	0.3	1.5	2.0	3.0	1.0	1.0	0.01
大型家電製品	0.3	1.5	2.0	3.0	1.0	1.0	0.01
焼却灰	0.9	1.0	2.0	2.0	2.0	2.0	0.23
薬剤処理後のセメント固化物	1.5	1.0	1.1	1.1	1.1	1.1	0.08
溶融スラグ	1.8	1.0	1.1	1.1	1.1	1.1	0.1
プラスチック減容固化物	1.0	1.0	1.1	1.1	1.1	1.1	0.01
覆土	0.6	1.0	1.1	1.1	1.1	1.1	0.3
	ρ	ξ	CN		CS		σ

図 **3-14** 最終処分場における組成別ごみのかさ密度および圧縮率（【D_Landfill】）

c_N^i：非破砕ごみ（組成 i）の埋立地における圧縮係数 ［－］
c_S^i：破砕ごみ（組成 i）の埋立地における圧縮係数 ［－］
ξ^i：破砕処理によるかさ密度の増加率 ［－］

埋立ごみ容積　$V = V_1 + V_2 + \cdots + V_k$

3）埋立機材　［ブルドーザ/コンパクタ］（【処理オプション】）で設定）
　　機材によって，c_N^i, c_S^i（圧縮度）の値を変える（**図 3-14** 参照）

4）覆土
　覆土材　［土/フォーム材］（【処理オプション】）で設定）
　覆土容積 $V_c [\text{m}^3/\text{年}] = b_1 V$
　　b_1：ごみに対する覆土割合 ［－］（土：0.2，フォーム材：0.0）

（2）埋立処分に必要な面積
浸出水処理施設，搬入管理施設，調整池，モニタリング設備を含む．
①計画最終処分場の建設場所　［山間/平地］（【処理オプション】）で設定）
②計画埋立地の使用予定期間 T ［年］［5 年/10 年/15 年］（【処理オプション】）で設定）
③埋立地面積（調整池面積を除く）　$A_L [\text{m}^2] = T(V + V_c)/b_2$
　b_2：平均埋立深さ ［m］（山間 20，平地 10）
④最終処分場面積　$A [\text{m}^2] = A_L/b_3 + A_W$
　b_3：最終処分場の有効利用率 ［－］（山間 0.4，平地 0.7）
　　　（有効利用率＝浸出水調整池面積を除いた最終処分場面積に対する埋立地面積）
　A_W：調整池面積（**3.8.2**（3）で計算する）
⑤埋立地区画数 N_B ［－］［1/2/3/4/5 区画］
　区画は等分割とし，各区画の面積は A/N_B あるいは，デフォルト設定として以下のように決定する．
　　　$A_L < 50\,000\,\text{m}^2$ の場合　　$N_B = \text{CINT}(A_L/10\,000)$
　　　$A_L \geqq 50\,000\,\text{m}^2$ の場合　　$N_B = 5$
　未埋立区画の雨水は排除するので，区画埋立により浸出水量は減少する．

3.8.2　浸出水処理施設の規模
（1）最大浸出水量
①地域特性　降水量 ［多雨/標準/少雨］（【処理オプション】）で設定）
　　　　　気候 ［高温/中温/低温］（【処理オプション】）で設定）
②埋立中区画の単位面積当たり浸出水量
　$V^i [\text{m}^3/\text{年}]$：組成 i のごみ（湿重量 q^i）の埋立後容積（**3.8.1**（1）で計算）
　$V_W^i [\text{m}^3/\text{年}] = q^i w^i / \rho_W$　：V^i 中の水の容積（水の密度 $\rho_W = 1$）
　$\sigma_w^i [\text{m}^3\text{-水}/\text{m}^3\text{-ごみ}]$：組成 i が単位容積当たりに保持できる限界保水量（最大体積含水率）
とすると
　組成 i のごみ（容積 V^i）がさらに保持可能な水量 $[\text{m}^3/\text{年}] = V^i \sigma_w^i - V_w^i$

したがって，埋立ごみが保持できる水量　　$Q_w = \sum(V^i\sigma_w^i - V_w^i)$ [m³/年]

ごみの水分が多いときには，負（すなわち浸出水が絞り出される）となる．覆土の吸水量は考慮していない．

埋立中区画の単位面積当たり浸出水量

（降水量 − 蒸発量 − ごみの吸水量 として計算）

$g_A [\text{m}^3/\text{m}^2 \cdot 日] = (I - E)/1\,000 - Q_w/(A_L/N_B)/365$

　　I：年降水量の100年降水確率の日換算値 [mm/日]（多雨10，標準7，少雨4）

　　E：年間日平均蒸発散量 [mm/日]（高温3，中温2，低温1）

③埋立終了区画の単位面積当たり浸出水量

最終覆土の方法［普通の土壌覆土/浸入水排除型覆土/シート］

　（【処理オプション】）で設定）

単位面積当たり浸出水量　　$g_C [\text{m}^3/\text{m}^2 \cdot 日] = \{I(1 - r_R) - E\}/1\,000$

　　r_R：最終覆土の表面水排除率 [−]（普通の土壌覆土0.3，浸入水排除型覆土0.5，シート覆土0.95）

最終覆土によって雨水の一部は表面排除され，浸出水は減少する．

④埋立地浸出水量

最大浸出水量　　$G_{Max} [\text{m}^3/日] = \{g_A + g_C(N_B - 1)\}(A_L/N_B)$

区画埋立（$N_B > 1$）の場合，最後の区画を埋め立てるとき浸出水量は最大となる．

（2）浸出水処理施設規模

$S [\text{m}^3/日] = b_{19} G_{Max}$

　　b_{19}：浸出処理施設規模の係数（=1.0）

　　（かなり余裕のある設計とする）

（3）浸出水調整池容量

$V_W [\text{m}^3] = b_4 S$

　　b_4：調整池容量の算定日数 [日]（=60）

調整池面積 $A_W [\text{m}^2] = (V_W/5) \times 1.2$

　　（調整池の有効深さを5 m，構造物に要する面積を考慮し1.2を乗じる）

3.8.3　水処理プロセスの選択

（1）浸　出　水　質

埋立廃棄物の重量（乾ベース）割合で浸出水水質を推定する．

　　Q_D [t/年]：埋立ごみの総量（乾ベース）

　　　①厨芥　　Q_{DG} [t/年]

　　　②厨芥・プラスチック以外の可燃物　　Q_{DC} [t/年]

　　　③プラスチック・不燃物　　Q_{DN} [t/年]

　　　④焼却残渣　　Q_{DA} [t/年]

これらの単位乾重量当たり浸出水質を図 **3-15** とし，乾ベース割合 $a_G = Q_{DG}/Q_D$，$a_C = Q_{DC}/Q_D$，$a_N = Q_{DN}/Q_D$，$a_A = Q_{DA}/Q_D$ で重み付けし，浸出水質（BOD，COD，T-N，

種類ごとの浸出水の水質 項目	厨芥 yG	可燃分 yC	プラ/不燃物 yN	焼却灰 セメント固化物 yA	
BOD	8000	600	250	250	mg/L
COD	1000	800	100	100	mg/L
T-N	1000	800	100	50	mg/L
Ca	200	200	100	5000	mg/L
Cl	2000	2000	500	15000	mg/L
色度	500	200	100	100	mg/L

図 3-15 最終処分場における浸出水質（【D_Landfill】）

Ca，Cl，色度）を求める．例えば，BOD は $8000a_G + 600a_C + 250a_N + 250a_A$ とし，厨芥割合 a_G が大きいほど増加する．

（2）放流水水質基準値

放流水水質基準（【処理オプション】）で設定）

　　BOD［規制なし/300/60/20/10］

　　COD［規制なし/300/90/20/10］

　　T-N［規制なし/120/60/10］

　　SS［60/30/10］

　　色度［除去しない/除去する］

ただし，「焼却残渣の割合 > 50%（湿ベース）」のとき，ダイオキシンガイドラインに基づき SS は 10 mg/L とする．（また，1998 年の共同命令改正によって，BOD 60 mg/L，COD 90 mg/L，SS 60 mg/L を満足することが求められるようになった．）

（3）浸出水処理プロセスの構成

基本プロセス

　　調整槽→［Ca 前処理］→生物処理→凝集沈殿槽→［砂ろ過］→［活性炭吸着］
　　　　　　　　　　　　　　　　　　　　　　　　　　→［脱塩素処理］→滅菌槽

とし，浸出水濃度によって［ ］内の処理を行うかどうか，および生物処理，凝集沈殿処理の方法を決定する．浸出水の BOD を D_{BOD} のように表すと，

①D_{BOD} < BOD 基準値，かつ D_{COD} < COD 基準値　→　生物処理を行わない

②D_{Ca} > 200 [mg/L]　　　　　　　　　→　Ca 前処理を選択

③D_{Cl} > 5000 [mg/L]　　　　　　　　→　脱塩素処理を選択

④SS 基準値 ≦ 10 [mg/L]　　　　　　　→　砂ろ過を行う

⑤色度の除去を行う　　　　　　　　　　→　酸性凝集沈殿+活性炭吸着を選択

⑥$D_{BOD}(1 - r_{BOD})$ > BOD 基準値 [mg/L] →　活性炭吸着を選択

　　r_{BOD}：通常の生物処理における BOD 除去率 [-]（=0.95）

⑦窒素の放流水質基準があり，D_{T-N} > T-N 基準値 →脱窒素型生物処理（中和処理を含む）

COD については，生物処理後の COD を $D'_{COD} = (1 - r_{COD-O})$ とすると

　　r_{COD-O}：通常の生物処理における COD 除去率 [-]（=0.55）

⑧$D'_{COD}(1 - r_{COD-N})$ ≦ COD 基準値のとき　→　中性凝集沈殿

⑨$D'_{COD}(1 - r_{COD-N})$ > COD 基準値のとき，

$D'_{COD}(1 - r_{COD-A}) \leqq COD$ 基準値ならば → 酸性凝集沈殿

$D'_{COD}(1 - r_{COD-A}) > COD$ 基準値ならば → 酸性凝集沈殿+活性炭吸着を選択

r_{COD-N}：中性凝集における COD 除去率［−］（=0.35）

r_{COD-A}：酸性凝集における COD 除去率［−］（=0.60）

ただし，脱塩素処理，砂ろ過については浸出水濃度に関係なく設置の有無を設定できるようにし，

脱塩素処理　［設置する/設置しない/浸出水濃度により決定］

砂ろ過　　　［設置する/浸出水濃度により決定］

を【処理オプション】で指定する．

3.8.4　しゃ水工
(1) しゃ水工の標準

表面しゃ水シート（2重シート）+土壌層+地下水集水管

(2) しゃ水工の追加安全対策

［漏水検知システム，鉛直しゃ水の追加，漏水検知用回廊の設置，モニタリング強化］の有無を【処理オプション】で設定する．建設費に影響する．

3.8.5　ユーティリティ使用量
(1) 必要人員（整数）

$N_P[人] = \text{CINT}\{b_5(Q/Q_0)^{0.7}\}$

Q_0：基準とする埋立ごみ量［t/年］（=10 000）

b_5：基準埋立量当たり人員［人］（=5）

(2) 重機の台数

コンパクタ台数　　$M_C[台] = \text{CINT}(Q/b_6)$

ブルドーザー台数　$M_B[台] = \text{CINT}(Q/b_7)$

b_6：コンパクタの作業能力（圧縮・敷き均し・転圧・覆土作業）［千 t/年・台］（=36）

b_7：ブルドーザーの作業能力（敷き均し・転圧・覆土作業）［千 t/年・台］（=36）

CINT は四捨五入だが，正の場合最低1とする．

(3) 電力・燃料使用量

①電力使用量

$U_E[kWh/年] = (1 + a_1^m)b_8 S \times 365$

a_1^m：浸出水処理プロセスによる電力使用量の付加係数［−］

$m = 1$：Ca 前処理　　2：生物処理

3：砂ろ過　　　4：脱塩素処理

b_8：生物処理と凝集沈殿を行う場合の単位容積浸出水処理に要する電力［kWh/m^3］（=2.6）

②燃料使用量

$U_O[L/年] = U_{OL} + U_{OH}$

軽油使用量　$U_{OL}[L/年] = b_9 Q$

重油使用量　$U_{OH}[L/年] = 365 \times (1+a_2) b_{10} S$

　　b_9：埋立ごみ 1 t 当たりの軽油使用量 [L/t]（=0.62）

　　a_2：脱窒素型生物処理時の重油使用量付加係数 [−]

　　　　脱窒素のための加温あり（高温地域 0.0，中温 0.25，低温地域 0.5）

　　b_{10}：単位容積の浸出水処理に必要な重油量 [L/m³]（=0.23）

電力，重油は，埋立終了後の浸出水処理（運転年数 T_L，3.8.6 (3) 参照）にも必要である．したがって，$(1+T_L/T)$ を乗じて使用量とする．

(4) 水の使用量

最終処分場ではほこりの飛散防止のため散水を行うところもあるが，その量は少ない．また，職員の生活用水も無視する．

(5) 薬品使用量

ユーティリティとしては計算しない．コストの中で考慮する．

(6) 土地の使用面積　$A[m^2] = A_L/b_3 + A_W$

3.8.6　コスト

(1) イニシャルコスト

$$C_I[円/年] = C_C + C_F + C_W + C_B$$

① 埋立地土木工事費

$$C_C[円/年] = C_0 (A_L/A_{L0})^{0.9}(1+\sum a_3^m)/T$$

　　C_0：基準建設費 [円]（$A_L = A_{L0}$ のときの建設費）　　（山間 4 億，平地 2 億）

　　　　埋立地はスケールメリットが小さく，指数を 0.9 とする．

　　A_{L0}：基準とする埋立地面積 [m²]（=10 000）

　　a_3^m：しゃ水工の安全対策に伴う埋立地土木工事費の付加係数 [−]

　　　　$m=1$：漏水検知システム　　　2：鉛直しゃ水の追加
　　　　　　　3：漏水検知用回廊の設置　　4：モニタリング強化

② 浸出水処理施設建設費

　　埋立年数 T 当たり浸出水処理施設建設費

$$C_W[円/年] = (1+\sum a_4^m) C_{W0}(S/S_0)^{0.7}/T$$

　　　C_{W0}：浸出水処理施設基準建設費 [円]（=5 億）

　　　（$S = S_0$ で，$\sum a_4^m = 0.0$ の選択を行ったときの建設費）

　　　S_0：基準とする浸出水処理施設規模 [m³/日]（=100）

　　　a_4^m：設備の有無による水処理施設建設費の付加係数 [−]

　　　　　$m=1$：生物処理　　2：凝集沈殿　　3：Ca 前処理
　　　　　　　　4：砂ろ過　　5：活性炭吸着　　6：脱塩素処理

③ 最終覆土工事費

$$C_F[円/年] = b_{13} A_L/T$$

b_{13}：最終覆土工事方法別単価 [円/m²]
　　　　（普通の土壌覆土 2 000，浸出水排除覆土 4 000，シートによる覆土 10 000）

④ 重機購入費

$$C_B[円/年] = (\Psi^{17}M_B + \Psi^{18}M_C)/b_{14}$$

b_{14}：重機の耐用年数 [年] (=5)

⑤ 土地購入費

$$C_L[円] = \beta_4 A$$

β_4 [円/m²]：埋立用地価格（山間 1 000，平地 5 000）

(2) ランニングコスト

$$C_R = C_P + C_E + C_O + C_H + C_M + (T_L/T)C_{RA}$$

① 人件費 $C_P[円/年] = \beta_3 N_P$

② 電力費 $C_E[円/年] = \Psi^1 U_E$

③ 燃料費 $C_O[円/年] = \Psi^2 U_{OH} + \Psi^3 U_{OL}$

U_{OH} は浸出水処理に使用する重油，U_{OL} は重機の燃料

④ 薬品費 $C_H[円/年] = (1 + a_5^m)\Psi^{13}S \times 365$

a_5^m：浸出水処理プロセスによる薬品費の付加係数 [−]

$m = 1$：Ca 前処理　　2：生物処理　　3：活性炭吸着

薬品費は，処理水量に比例するとし，Ψ^{13} は水量当たり使用薬品量である．

⑤ 埋立地および浸出水処理施設の整備補修費

（浸出水処理施設および埋立地管理のための整備補修費は，浸出水処理施設建設費に比例すると考える）

$$C_M[円/年] = b_{15}(TC_W) + b_{18}(M_B + M_C)$$

b_{15}：浸出水処理施設のイニシャルコストに対する整備補修費の割合 [1/年] (=0.02)

b_{18}：重機の整備補修費 [円/台・年] (=4 百万)

ただし，b_{15} には埋立地構造物の補修，覆土管理を含める．

(3) 埋立終了後のランニングコスト

① ～ ⑤ の合計は埋立期間中のランニングコストであるが，埋立終了後にも浸出水処理を続けなければならない．電力費 C_E，薬品費 C_H，施設の整備補修費 C_M は変わらないが，燃料は重機使用分がなくなる．

⑥ 埋立終了後の浸出水処理費

$$C_{RA}[円/年] = \beta_3 N'_P + C_E + \Psi^2 U_{OH} + C_H + C_M$$

N'_P：埋立終了後の浸出水処理に従事する人員 $= \text{CINT}(0.03S)$　ただし，$N'_P \geq 2$

0.03：浸出水処理施設の規模当たり埋立終了後の従事人員 [人/(t/日)]

埋立後の浸出水処理施設運転年数 T_L は，COD，T-N の規制のいずれかがあるとき，有機物割合 $(Q_{DG} + Q_{DC})/Q_D \geq 0.5$ の場合を有機物埋立地とし，有機物埋立地 15，その他 7 とする．COD，T-N ともに規制がないとき 5 年とする．パラメータ b_{12} で与える．

b_{12}：埋立終了後の浸出水処理年数 [年]

T_L 年間の C_{RA} を埋立期間 T 当たりに換算し $((T_L/T)C_{RA})$，ランニングコストに加える．

3.8.7 エネルギー消費量

$E\,[\text{Mcal}/年] = E_D + E_I$

①直接投入エネルギー $E_D\,[\text{Mcal}/年] = \varepsilon^1 U_E + \varepsilon^2 U_{OH} + \varepsilon^3 U_{OL}$

②間接投入エネルギー

$E_I\,[\text{Mcal}/年] = (1+a_6^m)\varepsilon^{13}S \times 365 + \varepsilon^{14}(C_C+C_F) + \varepsilon^{15}C_W + \varepsilon^{16}C_M + \varepsilon^{17}C_B$

a_6^m：浸出水処理の薬品使用量による間接エネルギー消費付加係数 $[-]$

$m=1$：Ca 前処理　　　2：生物処理

（最終覆土工事の間接投入エネルギー原単位は土木工事と同じ ε^{14}）

E_I の第一項は使用薬品によるもので，処理水量に比例するとする．

a11	電力使用量の付加係数(Ca前処理 あり/なし)		0.1	0	
a12	（生物処理、標準/脱窒/なし）		0	0.2	-0.2
a13	（砂ろ過 あり/なし）		0.05	0	
a14	（脱塩素処理 あり/なし）		0.7	0	
a2	脱窒素型生物処理時の重油使用量(高温、中温、低温)		0	0.25	0.5
a31	土木工事費の付加係数(漏水検知システム あり/なし)		0.1	0	
a32	（鉛直しゃ水の追加 あり/なし）		0.2	0	
a33	（漏水検知用回路 あり/なし）		0.1	0	
a34	（モニタリング強化 あり/なし）		0.1	0	
a41	水処理施設建設費の付加係数(生物処理、標準/脱窒素/なし)		0	0.4	-0.2
a42	（凝集沈殿、中性/酸性）		0	0.1	
a43	（Ca前処理 あり/なし）		0.1	0	
a44	（砂ろ過 あり/なし）		0.05	0	
a45	（活性炭吸着 あり/なし）		0.1	0	
a46	（脱塩素処理 あり/なし）		0.5	0	
a51	薬品費の付加係数(Ca前処理 あり/なし)		3.8	0	
a52	（生物処理、標準/脱窒/なし）		0	0.9	-0.2
a53	（活性炭吸着 あり/なし）		2.6	0	
a61	間接エネルギー消費付加係数(Ca前処理 あり/なし)		4.8	0	
a62	（生物処理、標準/脱窒/なし）		0	0.5	-0.2
a71	間接二酸化炭素排出付加係数(Ca前処理 あり/なし)		5	0	
a72	（生物処理、標準/脱窒/なし）		0	0.5	-0.2

b1	ごみに対する覆土割合(土/フォーム材)	―	0.2	0
b2	埋立深さ(山間/平地)	m	20	10
b3	最終処分場の有効利用率(山間/平地)	―	0.4	0.7
b4	調整池容量の算定日数	日	60	
b5	基準埋立量Q0あたりの人員	人	5	
b6	コンパクタ1トンあたりの作業能力	t/(年台)	36,000	
b7	ブルドーザー1台の作業能力	t/(年台)	36,000	
b8	浸出水処理必要電力（生物処理＋凝集沈殿）	kWh/m3	2.6	
b9	埋立ごみ1tあたりの軽油使用量	L/t	0.62	
b10	単位容積の浸出水処理の重油使用量	L/m3	0.23	
b11	浸出水処理施設の耐用年数(計算では未使用)	年	20	
b12	埋立終了後の浸出水処理年数(COD、T-N規制あり、なし)	年	15	7	5
b13	最終覆土工事方法別単価	千円/m2	2	4	10
b14	重機の耐用年数	年	5	
b15	浸出水処理施設のイニシャルコストに対する整備補修費の割合	1/年	0.02	
b16	埋立ごみ中炭素のガス化率	―	0.5	
b17	埋立ごみ中ガス化する炭素の二酸化炭素転換率	―	0.88	
b18	重機の整備補修費	千円/(台年)	4000	
b19	浸出処理施設規模の係数	―	1.0	

A0	基準とする埋立地面積	m2	10,000		
C0	基準面積A0のときの建設費(山間/平地)	千円	400,000	200,000	
Cw0	基準規模S0のときの浸出水処理施設建設費	千円	500,000		
E	年平均蒸発散量(高温/中温/低温)	mm/日	3	2	1
I	年平均降水量(多雨/標準/少雨)	mm/日	10	7	4
rBOD	通常の生物処理におけるBOD除去率	―	0.95		
rCOD-O	通常の生物処理におけるCOD除去率	―	0.55		
rCOD-N	中性凝集沈殿におけるCOD除去率	―	0.35		
rCOD-A	酸性凝集沈殿におけるCOD除去率	―	0.6		
rR	最終覆土の表面水排除率(土壌/排除型/シート)	―	0.3	0.5	0.95
S0	基準とする浸出水処理施設規模	m3/日	100		
Q0	基準とするごみ量	t/年	10000		

図 3-16　最終処分場のパラメータ（【D_Landfill】）

3.8.8 二酸化炭素排出量

$G\,[\text{kg-C}/年] = G_D + G_I$

①直接二酸化炭素排出量

$G_D[\text{kg-C}/年] = b_{16}\{b_{17} + 21(1-b_{17})\}C_{mb}Q \times 10^3 + \varepsilon^1 U_E + \varepsilon^2 U_{OH} + \varepsilon^3 U_{OL}$

b_{16}：埋立ごみ中炭素のガス化率［－］（=0.5）
b_{17}：埋立ごみ中ガス化する炭素の二酸化炭素転換率［－］（=0.88（準好気性））
21：メタンの二酸化炭素に対する換算係数［－］

C_{mb}は焼却残渣固化物，プラスチック以外の炭素含有率（搬入ごみ当たり）である．このうち，有機物が分解しCO_2として排出されるものは「カーボンニュートラル」として区別する（CH_4としての排出は除外しない）．

②間接二酸化炭素排出量

$G_I[\text{kg-C}/年] = (1+a_7^m)\theta^{13}S \times 365 + \theta^{14}(C_C + C_F) + \theta^{15}C_W + \theta^{16}C_M + \theta^{17}C_B$

a_7^m：浸出水処理の薬品使用量による間接二酸化炭素排出付加係数［－］

$m=1$：Ca前処理　　　2：生物処理

3.9　収集輸送

収集に関しては，収集ごみ，搬出残渣などの種類が多いために個々のパラメータを選択肢から選ぶことはせず，【収集オプション】（図 2-13）に直接入力する．また収集車台数，人員数などは計算値を四捨五入して整数化するが，収集車台数が1以下となる場合には1台とする．

3.9.1　必要車両台数

(1) 家庭系ごみの収集（ごみ種ごとに計算）

資源ごみ，可燃ごみ（混合ごみ），厨芥ごみ，不燃ごみ，粗大ごみ（不燃・粗大ごみ）などの分別ごみ種（添字kで区別）ごとに計算する．パッカー車（機械式収集車）を使用し，ステーション収集とする．

1) ステーション数

　　ステーション数　　$N_S = P/b_0$

　　ステーション間距離　d_S　［50 m/100 m/200 m］（【収集オプション】に直接入力）

　　P：人口［人］
　　b_0：ステーション当たりの人口［人/ステーション］（=60）

2) 1日に収集すべきごみ量とステーション数

　　1日平均発生量　　$W^k[\text{t}/日] = Q^k/365$

　　　Q^k：ごみ種別年間発生量［t/年］

　　収集区域数　　$M^k[-] = 6/f^k$

　　　f^k［回/週］：収集頻度　（6日間でf^k回収集する）（【収集オプション】に直接入力）

　　　　資源ごみ　　［週0.5回/週1回/週2回］

　　　　可燃ごみ（混合ごみ）　　［週1回/週2回/週3回/週6回］
　　　　厨芥　　［週1回/週2回/週3回/週6回］
　　　　不燃ごみ　　［週0.5回/週1回/週2回］
　　　　粗大ごみ（不燃・粗大ごみ）　　［週0.25回/週0.5回/週1回］
　　注：収集は週6日作業を仮定しており，週2回収集（$f^k = 2$）の場合は月木，火金，水土の3つの地域（$M^k = 3$）に分けて収集作業が行われる．しかし，週休5日の定着により月木，火金の2地区とし，水曜は他の分別ごみを収集するなど，収集車の運用が複雑になっている．簡単のため，分別ごみごとに週6日作業とし，収集車の他のごみとの共用はないとする．

　　1日当たりの最大収集量
　　　　$f^k > 1$ のとき　　w_C^k[t/日] $= a_1(M^k + 1)W^k/M^k = a_1(6/f^k + 1)W^k/M^k$
　　　　　（M^k日分＋日曜日のごみ量を，M^k日かけて収集する）
　　　　　a_1：ごみ発生量の変動係数［－］（=1.0）
　　　　$f^k \leqq 1$ のとき　　w_C^k[t/日] $= a_1(7/f^k)W^k/M^k$
　　　　　（$7/f^k$日分のごみを，全地域をM^k日に分けて収集する）
　　　　1日に収集すべきステーション数　　n_S^k［－］ $= N_S/M^k$

3）1日の総トリップ数（現場～処理施設の往復回数）
　　　　w_C^k をすべて収集するための収集回数　　λ^k[回/日] $= \mathrm{CINT}(w_C^k/\rho^k)/V_C^k$
　　　　V_C^k [m³]：収集車の荷箱容積　　［2t (4m³)/3t (6m³)/4t (8m³)］
　　　　　　　（【収集オプション】に直接入力）
　　　　ρ^k：ごみkのかさ密度 [t/m³]

4）総収集作業時間
　　必要な車両台数 ＝ w_C^k すべてを収集するのに必要な時間÷1日の作業時間
　　①輸送時間　　t_1^k[h/日] $= 2L^k/s_H \times \lambda^k$
　　　　L^k：収集現場からごみ種kの処理・処分先（または中継施設）までの距離 [km]
　　　　s_H：輸送速度（ごみ種によらない）[km/h]　　［30/40/50］（【収集オプション】に直接入力）
　　②積み込み・積みおろし時間　　t_2^k[h/日] $= \{b_1(w_C^k/\lambda^k) + b_2\} \times \lambda^k = b_1 w_C^k + b_2 \lambda^k$
　　　　b_1：単位重量のごみを収集するに必要な時間 [h/t]（=0.18）
　　　　b_2：処理・処分施設に入って計量～ごみの荷降ろしを経て施設を出るまでの時間 [h/回]（=0.08）
　　③ステーション間の移動時間　　t_3^k[h/日] $= (d_S \times 10^{-3}) \times n_S^k/s_m$
　　　　s_m：ステーション間の移動速度 [km/h]　　［5/10/15］（【収集オプション】に直接入力）
　　④必要な車両台数　　F_C^k[台] $= \mathrm{CINT}\{(t_1^k + t_2^k + t_3^k)/t_d\}$
　　　　t_d：1日作業時間（休憩，洗車，準備を除く）[h/台・日]（=5）

5）収集車の年間走行距離
　　①$f^k \leqq 1$ のとき　　D_C^k[km/年] $= (2L^k \lambda^k + d_S \times 10^{-3} \times n_S^k) \times 310$
　　　　（毎収集日の収集量が均等になるように収集地域を分ける）

②$f^k > 1$ のとき　収集量が曜日によって異なる.

　　$M_k(=1/f^k)$ 収集区域の各々について

　　　　週の最大収集日のごみ量は　　　　($M^k + 1$) 日分

　　　　その他の $(f^k - 1)$ 日のごみ量は　　M^k 日分

　　を一度に収集する．ごみ量に比例してトリップ数が変化すると考え

　　　　1週間の総トリップ数　　$\Lambda^k = \lambda^k \{1 + (f^k - 1) \cdot M^k/(M^k + 1)\} \times M^k$

　　　　年間総走行距離　　D_C^k[km/年] $= 2L^k \Lambda^k \times 52 + d_S \times 10^{-3} \times n_S^k \times 310$

6) 総車両台数　　F_C[台] $= \sum F_C^k$

(2) 処理残渣の輸送

処理施設ごとに計算する（処理施設を上付き添字 j で表す）．

① 1日当たりの搬出量　　w_H^j[t/日] $= \beta_1 Q_H/365$

　　　Q_H^j：年間の残渣排出量　　[t/年]

② 1週間の輸送回数　　λ^j[回/週] $= (7w_H^j/\rho^j)/V_H^j$

　　（搬出物が少ない場合には毎日輸送する必要がない．）

　　V_H^j：搬出物輸送車両の荷箱容積 [m^3]　[4 t (8m^3)/8 t (16m^3)/10 t (20m^3)]（【収集オプション】に直接入力）

　　ρ^j：j 施設の処理残渣のかさ密度 [t/m^3]

③ 延べ輸送時間　　t_1[h] $= 2L^j/s_H \times \lambda^j$

　　L^j：処理残渣輸送先までの距離 [km]（【収集オプション】に直接入力）

　　s_H：輸送速度 [km/h]（ごみと同じ）

④ 積み込み・積みおろし時間　　t_2[h] $= b_3 \cdot \lambda^j$

　　b_3：1回当たりの積み込み・積みおろし時間 [h/回]（=0.16）

⑤ 処理残渣輸送車の総台数　　F_H^j[台] $= \text{CINT}\{(t_1 + t_2)/(5t_d)\}$

　　　5：輸送作業を行う日数 [日/週]

　　1以下の正の数となる場合は，1台とする．

⑥ 施設 j からの搬出物輸送車の年間走行距離　　D_H^j[km/年] $= 2L^j \cdot \lambda^j \times 52$

3.9.2 中継輸送

ごみと処理残渣に分けて計算を行う．ごみの場合，収集現場→中継施設⇒（中継輸送）⇒処理施設，処理残渣は収集現場→処理施設⇒（中継輸送）⇒搬出先である．

ごみの種類，残渣の種類には関係なく同じ輸送車を用いる．

① 1日当たりの搬出量（j=1 ごみ，2 処理残渣）

　　中継を行うごみ（または処理残渣）の合計量　　Q_T^j

　　1日当たりの搬出量　　w_T^j[t/日] $= \beta_1 Q_T^j/310$　　（輸送を週6日行うとする）

② 輸送回数

　　荷箱容積　　V_T　[6 t (12m^3)/8 t (16m^3)/10 t (20m^3)]（【収集オプション】に直接入力）

　　1日当たり搬出量 w_T^j の輸送回数　　λ^j[1/日] $= \text{CINT}\{(w_T^j/\rho^j)/(b_{25} V_T)\}$

　　　ρ^j：輸送先 j へ搬送するごみ（または処理残渣）のかさ密度（収集車内）[t/m^3]

b_{25}：中継輸送車内の圧縮率 [−]　（平面式 1.0，コンパクタ・コンテナ式 1.5）

③輸送時間

1日当たりの搬出量 w_T^j の輸送時間　$t_1^j[h] = 2L^j/s_T \times \lambda^j$

L^j：中継施設から処理施設までの距離 [km]（【収集オプション】に直接入力）

s_T：中継輸送車の輸送速度 [km/h]　[40/50/60]【収集オプション】に直接入力）

積み込み，積みおろし時間　$t_2^j[h/回] = b_4 \cdot \lambda^j$

b_4：1回当たりの積み込み・積みおろし時間 [h/回]（平面式 0.25，コンパクタ・コンテナ式 0.33）

④必要な中継輸送車台数

$F_T^j[台] = \mathrm{CINT}\{(t_1^j + t_2^j)/t_d\}$

⑤中継輸送車の年間走行距離　$D_T^j[km/年] = 2L^j\lambda^j \times 310$

3.9.3　清掃事務所と中継施設の建設

(1) 清掃事務所

①清掃事務所数　$N_F[ヵ所] = \mathrm{CINT}(P/b_5)$　（$N_F \geq 1$）

b_5：清掃事務所1ヵ所当たりの人口 [人/ヵ所]（=20万）

②清掃事務所の延べ床面積　$A_{FF}[m^2/ヵ所] = b_6 N_F$

b_6：清掃事務所1ヵ所当たりの延べ床面積 [m^2/ヵ所]（=800）

③清掃事務所の用地面積　$A_{LF}[m^2/ヵ所] = b_7 A_{FF}$

b_7：清掃事務所の用地面積/延べ床面積 [−]（=15）

(2) 中 継 施 設

①施設の規模　$S[t/日] = \sum w_T^j$　（j = 1〜7）

b_8：中継施設の稼働日数 [日/年]（=310）

②延べ床面積　$A_{FT}[m^2/ヵ所] = b_9 S$

b_9：中継施設の規模当たりの延べ床面積 [m^2/(t/日)]

（平面式 0.0（建物なし），コンパクタ・コンテナ式 5）

③用地面積　$A_{LT}[m^2] = b_{10} S$

b_{10}：施設規模当たりの用地面積 [m^2/(t/日)]（平面式 20，コンパクタ・コンテナ式 15）

(3) 収集・輸送関連施設の延べ床面積と用地面積

①延べ床面積　$A_F[m^2] = A_{FF} + A_{FT}$

②用地面積　$A_L[m^2] = A_{LF} + A_{LT}$

3.9.4　ユーティリティ使用量

(1) 人　　　員

$N_P[人] = N_{PC} + N_{PD} + N_{PF} + N_{PT}$

①収集人員　$N_{PC}[人] = \mathrm{CINT}\{b_{11} F_C (1 + a_2)\}$

収集は予備人員を考慮する．

b_{11}：収集車1台当たりの収集人員 [人/台]（=2）

a_2：予備人員率 [−]（=0.16）（運転人員も同じ）

② 運転人員　$N_{PD}[人] = \mathrm{CINT}\{(F_C + F_H + F_T)(1 + a_2)\}$

③ 清掃事務所の管理職および事務職人員

$N_{PF}[人] = \mathrm{CINT}\{b_{12}(N_{PC} + N_{PD})\}$

b_{12}：収集と運転人員の合計に対する管理職および事務職人員比率 [−]（=0.08）

④ 中継施設人員（運転手を除く）

$N_{PT}[人] = N_{PT0} + \mathrm{CINT}\{b_{13}(S/100) - 1\}$（中継施設があるときのみ）

N_{PT0}：中継施設の基本人員 [人]　　（平面式 5, コンパクタ・コンテナ式 4）

b_{13}：中継施設の施設規模当たり追加人員 [人/(100 t/日)]（平面式 6, コンパクタ・コンテナ式 3）

(2) 車　　両

実稼働車両台数　$F[台] = F_C + F_H + F_T$

保有車両台数　$F_A[台] = \mathrm{CINT}\{(1 + a_3)F\}$

a_3：予備車率 [−]（=0.12）

(3) 電気使用量（清掃事務所用は無視）

中継施設の電気使用量　$U_E[\mathrm{kWh/年}] = b_{14}S$

b_{14}：中継施設の規模当たり電気使用量 [kWh/((t/d) 年)]

（平面式 0.0, コンパクタ・コンテナ式 6 200）

(4) 燃料使用量（建物の暖房用は無視）

$U_O[\mathrm{L/年}] = U_{OC} + U_{OH} + U_{OT}$

① 収集用燃料使用量

$U_{OC}[\mathrm{L/年}] = \sum b_{15} D_C^k$

b_{15}：収集車の燃料消費量 [L/km]　（2 t 車 0.20, 3 t 車 0.25, 4 t 車 0.30）

② 搬出物輸送用燃料使用量

$U_{OH}[\mathrm{L/年}] = \sum b_{16} D_H^j$

b_{16}：搬出物輸送車の燃料消費量 [L/km]　（4 t 車 0.25, 8 t 車 0.35, 10 t 車 0.40）

③ 中継用燃料使用量

$U_{OT}[\mathrm{L/年}] = \sum b_{17} D_T^j$

b_{17}：中継車の燃料消費量 [L/km]　（6 t 車 0.30, 8 t 車 0.35, 10 t 車 0.40）

(5) 水使用量（車両の洗車用のみ）

$U_W[\mathrm{m^3/年}] = (310 F_C + 260 F_H + 310(1 + a_4) F_T) \times b_{18}$

a_4：中継輸送車の洗車用水の付加係数 [−]（平面式 0, コンパクタ・コンテナ式 0.5）

b_{18}：車両1台の洗車に必要な水量 [$\mathrm{m^3}$/(台日)]（=0.2）

3.9.5　コ ス ト

(1) イニシャルコスト

$C_I = C_B + C_F + C_T$

①車両購入費

$$C_B[円/年] = \{\sum(1+a_5)F_C^k\}\Psi^{19} + (1+a_6)\Psi^{20}F_H + (1+a_7)\Psi^{21}F_T(1+a_3)/b_{19}$$

　　a_5：収集車の積載量による購入費の付加係数 [年]（2 t 車 0.0, 3 t 車 0.2, 4 t 車 0.4）

　　a_6：搬出物輸送車の積載量による購入費の付加係数 [年]（4 t 車 0.0, 8 t 車 0.4, 10 t 車 0.5）

　　a_7：中継輸送車の積載量による購入費の付加係数 [年]（6 t 車 0.0, 8 t 車 0.2, 10 t 車 0.4）

　　b_{19}：車両耐用年数 [年]（=7）

②清掃事務所の建設費

$$C_F[円/年] = N_F C_{F0}/b_{20}$$

　　C_{F0}：清掃事務所建設費 [円/ヵ所]（=3 億）

　　b_{20}：清掃事務所の耐用年数 [年]（=50）

③中継施設の建設費

$$C_T[円/年] = C_{T0}(S/S_{T0})^{0.7}/b_{21}$$

　　C_{T0}：中継施設の基準建設費 [円]（平面式 1.2 億, コンパクタ・コンテナ式 3 億）

　　S_{T0}：基準とする施設規模 [t/日]（=100）

　　b_{21}：中継施設の耐用年数 [年]（=20）

(2) ランニングコスト

$$C_R = C_P + C_E + C_O + C_M$$

①人件費 $C_P[円/年] = \beta_3\{N_{PC} + N_{PD} + N_{PF} + N_{PT}\}$

②電力費 $C_E[円/年] = \Psi^1 U_E$

③燃料（軽油）費 $C_O[円/年] = \Psi^3 U_O$

④水道費 $C_W[円/年] = \Psi^{12} U_W$

⑤整備補修費 $C_M[円/年] = \{b_{22}(F_C + F_H) + b_{23}F_T\}(1+a_3) + b_{24}b_{21}C_T$

　　b_{22}：収集車と搬出物輸送車の 1 台当たり整備補修費 [円/台・年]（=1.0 百万）

　　b_{23}：中継輸送車の 1 台当たり整備補修費 [円/台・年]

　　　　（平面式 1.0 百万, コンパクタ・コンテナ式 1.2 百万）

　　b_{24}：中継施設の建設費に対する整備補修費の割合 [1/年]（=0.02）

(3) 土地購入費

$$C_L[円/年] = \beta_4 A_L$$

3.9.6　エネルギー消費量

$$E[Mcal/年] = E_D + E_I$$

①直接投入エネルギー $E_D[Mcal/年] = \varepsilon^1 U_E + \varepsilon^3 U_O$

②間接投入エネルギー $E_I[Mcal/年] = \varepsilon^{15}(C_F + C_T) + \varepsilon^{16}C_M + \varepsilon^{19}C_B$

3.9.7　二酸化炭素排出量

$$G[kg\text{-}C/年] = G_D + G_I$$

3.9 収集輸送

		単位			
a1	ごみ発生量の変動係数	–	1		
a2	予備人員率	–	0.16		
a3	予備車率	–	0.12		
a4	中継輸送車の洗車用水の付加係数(平面式/コンパクタ・コンテナ)	–	0	0.5	
a5	収集車購入費の付加係数(2t車/3t車/4t車)	–	0	0.2	0.4
a6	搬出物輸送車積載量の付加係数(4t車/8t車/10t車)	–	0	0.4	0.5
a7	中継輸送車購入費の付加係数(6t車/8t車/10t車)	–	0	0.2	0.4

		単位			
b1	単位重量のごみを収集するに必要な時間	h/t	0.18		
b2	処理・処分場の計量と荷下ろし時間	h/回	0.08		
b3	積み込み積みおろし時間(搬出物)	h/回	0.16		
b4	積み込み、積みおろし時間(平面式/コンパクタ・コンテナ式)	h/回	0.25	0.33	
b5	清掃事務所1ヵ所あたりの人口	人/箇所	200,000		
b6	清掃事務所1ヵ所あたりの延べ床面積	m2/箇所	800		
b7	清掃事務所の用地面積／延べ床面積		15		
b8	中継施設の稼働日数	日/年	310		
b9	中継施設の延べ床面積(平面式/コンパクタ・コンテナ式)	m2/(t/d)	0	5	
b10	施設規模あたりの用地面積(平面式/コンパクタ・コンテナ式)	m2/(t/d)	20	15	
b11	収集車1台あたりの収集人員	人/台	2		
b12	収集・運転人に対する管理職及び事務職人員比率	–	0.08		
b13	中継施設の追加人員(平面式/コンパクタ・コンテナ式)	人/(100t/d)日	6	3	
b14	中継施設の電気使用量(平面式/コンパクタ・コンテナ式)	kWh/(t/d)年	0	6200	
b15	収集車の輸送中の燃料消費量(2t車/3t車/4t車)	L/km	0.2	0.25	0.3
b16	搬出物輸送車の輸送中の燃料消費量(4t車/8t車/10t車)	L/km	0.25	0.35	0.4
b17	中継車の輸送中の燃料消費量(6t車/8t車/10t車)	L/km	0.3	0.35	0.4
b18	車両1台の洗車に必要な水量	m3/(台日)	0.2		
b19	車両耐用年数	年	7		
b20	清掃事務所の耐用年数	年	50		
b21	中継施設の耐用年数	年	20		
b22	収集車と搬出物輸送車の1台あたり整備補修費	千円/台・年	1,000		
b23	中継輸送車1台の整備補修費(平面式/コンパクタ・コンテナ式)	千円/台・年	1,000	1,200	
b24	中継施設の建設費に対する整備補修費の割合	–	0.02		
b25	中継輸送車内の圧縮率(平面式/コンパクタ・コンテナ式)	–	1	1.5	

		単位		
CF0	清掃事務所建設費	千円	300,000	
CT0	基準規模の中継施設建設費(平面式/コンパクタ・コンテナ式)	千円	120,000	300,000
ST0	基準とする中継施設規模	t/年	100	
NPT0	中継施設の基準人員(平面式/コンパクタ・コンテナ式)	人	5	4
td	一日の作業時間	h/台・日	5	

図 3-17 収集輸送のパラメータ (【D_Collection】)

① 直接二酸化炭素排出量 $G_D[\text{kg-C}/\text{年}] = \theta^1 U_E + \theta^3 U_O$

② 間接二酸化炭素排出量 $G_I[\text{kg-C}/\text{年}] = \theta^{15}(C_F + C_T) + \theta^{16}C_M + \theta^{19}C_B$

第 4 章
一般廃棄物処理システムの分析と評価（演習）

4.1 本章の目的

　ごみ処理システムは，分別方法，処理方法に数多くの選択肢があるため複雑であり，本プログラムはそうした条件の違いに対応できるよう作成した．例えば可燃ごみ，不燃ごみに分別したとしても自治体ごとに分別の指定が異なり，分別の協力率も違う．資源ごみの回収率も，住民の協力度や自治体のPRの程度によって変わる．さらには自治体の施設で処理される事業系ごみは，事業活動の種類や活動度によって異なり，それらの収集，処理方法もさまざまである．こうした数多くの条件に対して，本プログラムではデフォルト値を与えており，これを用いれば第2章の手順に従ってごみ処理システムの計算は簡単に行える．しかし演習問題としては十分ではあるが，仮想的な自治体に対するものでしかない．

　ある自治体に対して処理計画を変更したときのごみの流れやコストの変化を予測するには，自治体個々の条件に合わせてパラメータ値を修正する必要がある．逆に言うと，自治体の条件に合わせたパラメータ設定ができた時点で，「○○市ごみ処理モデル」が完成し，現状の評価を行うことができる．自治体内のごみの流れ（物質フロー）を理解し，処理別の二酸化炭素排出量，エネルギー消費量を計算し，あるいは分別ごみの種類ごとのコスト比較などが可能になる．さらには，分別や処理の方法を変えた場合の変化を予測し，よりよい処理システムの設計・計画を行うことができる．

　以下ではこの手順の例を説明するが，まず物質フローを把握し，それを基にして自治体のごみ処理（現状）を解析し，計画を作成する．これは家庭・事業所から最終処分に至るマテリアルフロー（物質フロー）の把握が，自治体内の総合的廃棄物処理（IWM, **1.1** 参照）の基礎となる情報だからである．例えば有料化を行うとごみが減ると言われるが，ごみは消えてなくなるわけではなく，資源化，発生源減量化などによって流れが変化するためである．あるいは事業系ごみの混入がなくなっただけで，一般廃棄物としての合計量は同じかもしれない．コスト，エネルギー消費量，二酸化炭素排出量を算出するためにも，まず物質フローを把握することが必要（量に原単位を掛けるため）である．

　まず，第2章に従って操作を行い，①操作手順，②出力結果（特に物質収支），を理解したのち，以下の計算を進めてみてほしい．

4.2 家庭系ごみ流れの推定（Step 1）

　ごみはいくつかのごみに分別され，それらの収集量をプログラムにより計算すると，お

そらく実績値とは一致しない．それは分別の指定や収集前の回収率などが，プログラムのデフォルト値とは違うためである．組成分析データ等を利用して微調整を行う必要があるが，すべてのごみを一度に実績値に合わせようとすると，調整すべきパラメータが多くなってしまう．そこで最初に，他のごみ組成と明確に区別でき，自治体収集，集団回収によらず品目別に集計されている資源ごみの流れを推定するのが効率的な方法である．

(1) 収集量の計算（Step 1のみを使用）

【排出ごみ設定】（図2-3）で自治体の分別方法，および分別ごみの処理方法を指定し，デフォルト値を使って計算を行う．結果が【処理方法別ごみ量】（図2-7）に出力される．

(2) 資源ごみの流れ

1) 【処理方法別ごみ量】の「資源ごみ（自治体）」の計算値を，自治体が行う資源ごみ回収量実績値と比較する．ただし，選別施設において汚れたもの，内容物が残ったものは除かれて選別残渣となるため，回収量＜収集量である．特に，混合収集を行う場合にはガラスびんが割れることがあり，ガラスびんの回収率は低くなる．よって，収集されたPETボトル，スチール・アルミ缶の回収率を90％程度，ガラスびんの回収率を40～80％程度と考えて収集量実績値を補正する（すなわち，選別残渣の中の資源物量を推定して，回収量に加える必要がある）．計算値がこれらに合うよう，【A_1_1】（図2-5）中「資源ごみ（自治体）」への配分割合を設定する．例えば，選別後の回収量がPETボトル10トン，スチール・アルミ缶20トン，ガラスびん30トン，選別残渣40トンの場合，PETボトル，缶の収集量は0.9で割ってそれぞれ11.1トン，22.2トン，びんの施設内の回収率を50％とするとガラスびんの収集量は60トン，異物が6.7トンとなる．あるいは異物を収集量の10％として10トン，残りがガラスびんで56.7トン（施設内回収率52.9％）としてもよい（選別施設における物質収支の詳細は，筆者らの論文[5]で紹介している）．選別残渣の組成分析を行えば，より正確な推定ができる．

2) プラスチック容器包装を回収している場合は，【A_1_1】中「その他プラ回収」への配分割合を設定する．ここでも，残渣が容器包装以外の異物なのか，汚れたために除かれたのかは，残渣の組成分析によって知ることができる．

3) 集団回収量，店頭などでの拠点回収による資源物回収量実績値と，【処理方法別ごみ量】の「プレリサイクル」を比較し，【A_1_1】中「プレリサイクル」への配分割合を設定する．

4) どうしても合わない場合は，【A_1_1】中「不要物発生量」が違うのかもしれない．デフォルト値は品目別生産量などをもとにしているので，根拠もなく数値を変えることは望ましくない．修正するならば，最新の統計値をもとに推定する．

以下に示す**計算例（1）～（4）**は，札幌市のデータを用いた推定の例である．

---

[5] 松藤敏彦，田中信壽，小石哲央，柴田哲也：自治体における飲料容器収集および選別のマテリアルフロー分析，廃棄物学会論文誌，16 (6)，2005

計算例（1）

まず，資源ごみ量の計算を行う．人口 1 868 千人とし，デフォルト値を用いて計算すると，表 4-1②のようになる．札幌市ではびん・缶・PET を混合収集し，選別施設において選別・回収を行っている．また，PET ボトル以外のプラスチック製容器包装の収集も行っている（図 2-5 では，「その他プラスチック」収集の実施をデフォルトとしている）．

選別施設における品目別回収量，および選別残渣搬出量は**表 4-2**①である．処理残渣は選別の前段で除去される不適物，プラ袋と，ふるい選別の落下物および手選別で回収されない残渣に分けられるが，後者はほとんどがガラスくずである．そこで，回収率を**表 4-2**②のように設定すると（前述の研究結果[5]をもとにした），収集量は③のように推定でき，デフォルト値を使用したときの計算値④（**表 4-1**②「びん・缶・PET」の内訳）と比べて小さい．すなわち，【A_1_1】（図 2-5）の収集率が高すぎたと思われる．そこで，両者の比（**表 4-2**⑤）によって，【A_1_1】の数値を**表 4-3**のように修正した．資源選別施設では PETボトル以外のプラスチックボトルが異物として排出されているが，**表 4-2**③の残渣量が多いことから，その割合を 0.05 → 0.20 とし（すなわち異物としての混入大），その他プラスチックへの排出率を 0.70 → 0.55 とした．**表 4-1**②の「プラスチック」の計算値が実績値よりも大きいことの補正でもある．スチール缶の収集率を 0.45 と低くしたが，スチール缶には飲料缶以外もあるので，不自然な値ではない．アルミ缶はごみ中への排出は少ないと考

表 4-1 札幌市における家庭系ごみ収集量（平成 16 年度）

	① 実績値	② 計算値（デフォルト値使用）	③ 資源回収率修正（表4-3）後の計算値	④ 計算例（2）による計算値
燃やせるごみ	374 900	398 132	402 969	407 733
燃やせないごみ	48 400	14 699	21 597	18 327
びん・缶・PET ボトル	30 400	40 732	28 885	28 885
プラスチック	21 700	26 803	25 975	24 481
大型ごみ	9 332	20 250	20 250	15 955

表 4-2 びん・缶・PET 収集量の推定

	① 回収量（実績値）	② 選別施設内回収率	③＝①/② 収集量（推定値）	④ 収集量（デフォルト値による計算値）	⑤＝③/④	⑥ 表 4-2 による計算値
びん	5 971	0.45	13 269	22 023	0.60	13 909
缶（スチール）	3 301	0.98	3 368	7 364	0.46	3 682
缶（アルミ）	2 620	0.95	2 758	3 886	0.71	2 864
PET ボトル	5 092	0.90	5 658	6 273	0.90	5 795
残渣	13 241		5 173	1 186		2 635
計	30 226		30 226	40 732		

③の「残渣」は，プラ袋，異物など

表 4-3　資源回収率（【A_1_1】）の修正

ごみ組成	資源化，自家処理率 [－]		
	プレリサイクル（rp）	資源ごみ（自治体）r1	その他プラ回収 r2
PET ボトル	0	0.85	0.03
PET ボトル以外のボトル	0	0.20	0.55
パック・カップ，トレイ	0	0	0.75
プラ袋	0	0.01	0.39
その他のプラ（商品等）	0	0.01	0
スチール缶	0	0.45	0
アルミ缶	0.25	0.70	0
缶以外の鉄類	0	0.15	0
缶以外の非鉄金属類	0	0	0
リターナブルびん	0	0.60	0
ワンウェイびん（カレット）	0	0.60	0
その他のガラス	0	0.20	0

　　　　　　　　　　　　：修正箇所

え，プレリサイクル率を 0.02 → 0.20 と高くした．この結果，びん・缶・PET の収集量は**表 4-2**⑥，その他のごみの収集量は**表 4-1**③となる．

（3）分別ごみの流れ

資源ごみ以外のごみ収集量と，実績値を比較する．

1) **図 2-7**（【処理方法別ごみ量】）は，可燃ごみ，不燃ごみ，粗大ごみに分別した場合の計算例である（分別方法は**図 2-3**で指定した）．自治体における品目別の分別指定（例えばプラスチックを可燃ごみとするか，不燃ごみとするか）に応じて【A_1_2】（**図 2-6**）中の分別率を修正する．ただし，分別がどれだけ正しく行われているかは自治体によって異なるため，組成分析データを利用して**図 2-7**（C）と比較し，分別率を修正する．しかし，以下の理由のために資源ごみよりも推定が難しい．

2) 家庭系ごみ収集に，事業系ごみが排出されることがある（**2.2.2**（1）参照）．これを混入と呼んでいるが，自治体の収集形態によって状況が異なる．例えば，
    - 家庭系ごみ収集が有料ならば，混入は少ない．
    - 世帯ごとに収集する場合（戸別収集）は，混入が少ない．
    - 逆に，「1 回 20 kg までなら家庭系ごみに出してよい」などと，混入を認めている自治体は，混入量が多い．

    本プログラムでは，家庭系ごみへの混入は可燃ごみ（あるいは混合ごみ，RDF ごみ）にのみ起こるとしており，**図 2-7**の「家庭系（焼却）」は混入を含めた量となっている．各自治体の状況に応じて，【排出ごみ設定】（**図 2-3**）の「家庭系への混入」割合を修正する（収集量を合わせる）．

3) 可燃ごみの組成分析は，多くの自治体で行われているが，サンプリングをどこで行う

かによって対応するごみが異なることに注意が必要である（可燃ごみの組成を合わせる）．
- 焼却施設のごみピットから無作為にサンプリングを行っているなら，【処理方法別ごみ量】（図 2-7）の「家庭系（焼却）」と「事業系（焼却）」をあわせたものである（処理残渣量は少ないので無視できる）．
- ごみピットからのサンプリングだが，家庭系ごみ収集車の投入箇所を決め，そこから採取するなら「家庭系（焼却）」である．
- 収集車から直接採取するならば「家庭系（焼却）」である．しかし，事業所等がない，あるいは事業所があっても混入がない地域を収集したのなら，家庭系のごみである．

ただし，ごみの組成分析は，200 kg 程度のごみをサンプリングし，よく混合したのちに 5～10 kg を試料として手で選別する．試料量が多くないこと，混合による汚れのため，それほど精度の高いものではない．したがって，可燃ごみの組成は分析値とおおよそ合えば十分と考えるべきである．

4) 不燃ごみの組成分析は，収集車から取り出してそのまま行うことが多い．このときは種類別に分けることが容易であり，生ごみによる汚れも少ないので組成分析の信頼性は可燃ごみに比べて高い．しかし，収集車ごと，あるいは季節的なばらつきがあるため，調査回数が少ない場合には信頼性が低下する．

5) 大型ごみのうち，家電リサイクルによって大型の家電製品 4 品目が回収されている．これはプレリサイクルに含めて設定する（表中の「大型家電」=4 品目と考える）．大型ごみを有料収集している場合には収集品目数が記録されており，品目別重量をかければ種類別の重量を求めることができる．やや古いデータだが，1997 年に行った製品種類別重量測定結果を筆者らの論文[6]に掲載している．

計算例（2）

計算例（1）に続いて，可燃ごみ，不燃ごみ，粗大ごみを推定する．表 4-1 の推定値③を実績値と比べると，大型ごみと不燃ごみに差が見られる．大型ごみのうち大型家電製品は上述のように家電リサイクル法によって回収されている．すべてが家電リサイクル対象製品ではないが，【A_1_1】（図 2-5）のプレリサイクル率を 1.0 とする．

表 4-4 に，可燃ごみ（燃やせるごみ）の計算値（表 4-1③）と，清掃工場ピット採取ごみの組成を示す．実績値（表 4-4②）と比べると，計算値（表 4-4①）は厨芥が多く，プラスチックが少ない．国土交通省[7]がディスポーザ導入の評価のために行った調査では，一人 1 日当たりの厨芥発生量が 220 g，201 g との報告があり，【A_1_1】（図 2-5）で設定した 251 g が大きすぎる可能性もある．しかしごみの組成分析においてはごみを混合するために厨芥中の水分が他の成分に移行し，厨芥割合が低く推定されることを考え，厨芥発生量はデ

---

[6] 松藤敏彦，鄭　昌煥，筑紫康男，田中信壽：粗大ごみ破砕処理施設における物質収支・金属収支の推定，土木学会論文集，No.755/VII-30, pp.85–94, 2004

[7] 国土交通省都市・地域整備局下水道部：ディスポーザ導入による影響評価に関する研究報告，国土技術政策総合研究所資料，p.17, No.222, 2005

表 4-4 可燃ごみ（燃やせるごみ）の組成

	① 計算値 [t/年]	組成割合 [%]	② 組成分析値 [%]
厨芥	179 299	44	30
紙類	154 151	38	37
布類	11 174	3	9
プラスチック＋ゴム・皮革	34 460	9	14
金属類	6 235	2	1
ガラス類（陶磁器含む）	3 081	1	2
草木類	12 953	3	7
粗大物	1 616	0	0
計	402 969	100	100

①は表 4-1③の内訳

表 4-5 不燃ごみ（燃やせないごみ）の組成

	① 計算値 [%]	[t/年]	② 組成分析値 [%]	[t/年]
厨芥	0	0	2.9	1 385
紙類	0	0	3.2	1 561
布類	1	225	3.1	1 517
プラスチック＋ゴム・皮革	8	1 424	37.8	18 274
金属類	23	4 154	14.5	7 000
ガラス類（陶磁器含む）	62	11 276	22.8	11 054
草木類	0	0	4.9	2 386
粗大物	7	1 248	5.2	2 530
土砂など	0	0	5.6	2 694
計	100	18 327	100	48 400

①は表 4-1③の内訳

フォルト値のままとする．一方，プラスチックが少ないので，【A_1_2】（図 2-6）の「その他のプラ（商品等）」の可燃ごみ，不燃ごみへの配分率を，0.55，0.45 から，それぞれ 0.95，0.05 に修正する．

　推定結果は表 4-1④となる．燃やせないごみの収集量は実績値の 3 分の 1 強にすぎない．そこで，不燃ごみの計算値（表 4-1④の内訳）と札幌市が行った組成分析結果（データ未公表）を，表 4-5 で比較する．この表より，最も誤差が大きいのはプラスチックであり，②の「プラスチック＋ゴム・皮革」の 60%はプラスチック製品である．したがって，【A_1_1】における不要物発生量がデフォルト値設定時点より増加している可能性がある．また，厨芥，紙類，布類などの分別が徹底されていないこと，草木類の排出があることを考慮して，【A_1_2】（図 2-6）の数値を変更する必要がある（本章では，行わない）．

大型ごみの計算値（表 4-1④）は実績値（同①）の 1.7 倍である．札幌市では 1998 年より有料の申し込み収集（個々の家庭が電話で収集を依頼）とし，収集量が大幅に減少した．【A_1_2】（図 2-6）の不要物発生量を含めて，再検討する必要がある．

また，表 4-1①の燃やせるごみには事業系ごみの混入が含まれており，その割合は 9.3% である（【処理方法別ごみ量】）．札幌市では 1994 年から小規模事業所ごみ収集の有料化（指定袋使用）を実施しているが，少なからず家庭系ごみ収集への排出はあると思われる．もし家庭系ごみの有料化が実施されれば，混入割合が減少すると予想され，その減少割合から推定できると思われる．

4.3 事業系ごみ流れの推定（Step 1）

自治体における事業活動が活発であるほど事業系ごみ（事業系一般廃棄物）の量が，さらには家庭系ごみとの合計である一般廃棄物量が多くなる．住民一人当たりの一般廃棄物量が自治体によって大きく異なる原因のひとつは，家庭系ごみ量に対する事業系ごみ量の比の大小によると考えられる（13 大都市を対象とした分析[8]参照）．事業系ごみのフローを，以下のように推定する．

(1) 従業員数の設定

【排出ごみ設定】（Step 1 のメニュー，図 2-3）では，従業員数を人口の 3 分の 1 をデフォルト値としている．自治体内全事業所の従業員数を入力する．

(2) 事業所種類別割合の設定（必須ではない）

2.2.2 (3) で述べたように，建設業にも事務所や店舗があり，その種類によって事業系ごみの発生量（従業員当たり）も組成も異なる．そのため本プログラムでは，事業所形態別（事業所分類とは異なる）の従業員数から事業系ごみ量を推定している．【排出ごみ設定】⑤の事業所種類別従業員割合は，札幌市に対する推定値をデフォルト値としているが，各自治体の事業活動の特徴をもとに推定するのが望ましい．総務省「事業所・企業統計調査」の産業中分類従業員数を，添付 CD-ROM の「事業所種類別ごみ量推定プログラム」に入力すると，事業形態別従業員数が「シート (1) 従業員数」の最下段に出力される．これを【排出ごみ設定】⑤に用いる（使用方法は，シート内に記載している）．

(3) 収集方法，処理方法の設定

事業系ごみの収集形態は，大きく許可収集と自己搬入（持ち込み）に分けられる．例えば，札幌市の場合，前者は焼却，後者は埋立割合が高いと考えられる．計算対象自治体の処理量に合うよう【排出ごみ設定】⑥の収集方法，⑦処理方法を修正する．事業所種類別ごみ量は【A_2_1】，収集方法別ごみ量は【A_2_2】に出力されている．

(4) 産業廃棄物の受け入れ

自治体は条例等で産業廃棄物の一部受け入れを認めている場合が多い．例えば，木くず，燃え殻，コンクリートがらなどであり，これらはプログラム中で事業系ごみ発生量に含ま

---

[8] 松藤敏彦，田中信壽，澤石直史：13 大都市における家庭系ごみ収集量の相違とその要因に関する研究，廃棄物学会論文誌，11 (5), pp.251–260, 2000

れていない．実績値が計算値より大きい場合には，この影響が考えられる．

計算値と実績値の不一致の意味

以上の手順は，計算結果と実績値をパラメータ修正により一致させようとするものである．一致度が高ければ，当該自治体のごみフローがよく再現できたことになり，もちろん望ましい．しかし計算値と実績値が合わないのには理由があるはずである．例えばデフォルト値で計算した資源回収量に比べて実績値がはるかに少ないならば，住民の協力度が低い，収集システムに対する周知度が低い，自治体以外の収集（拠点回収など）で回収されている，などのためかもしれない．デフォルト値がすべて平均的，一般的な数値とは限らないが（例えば【A_1_2】の分別率は，分別がよくなされている自治体のデータである），計算結果との不一致は，そうした原因や自治体の特徴に気づく手がかりとなる．すなわち実績値に合わせることの前に，各自治体の現状を認識することが重要である．

計算例（3）

添付 CD-ROM に収録している「事業所種類別ごみ量推定プログラム」を用い，事業所種類別従業員数を推定した結果を**表 4-6** に示す．データは平成 8 年度の事業所統計を基にしており，人口 20 万人以上の 104 都市のデータも CD-ROM に収録されている．都市は任意に選んだが，事業所種類，人口に対する全従業員数の比が，自治体によって異なっていることがわかる．

本計算プログラムでは従業員数/人口の比として 1/3 をデフォルト値としているが，札幌市は 0.52 である．そこで，【排出ごみ設定】（図 2-3）で従業員数を 0.52×人口として計算すると，**表 4-7（a）**となる．収集方法別のごみ量は【A_2_2】，処理方法別のごみ量は【処理方法別ごみ量】に出力される．札幌市では事業系ごみのうち，紙，木，プラスチックを原

表 4-6 事業所形態別従業員数割合

		札幌	川崎	松戸	北九州	山形	寝屋川
事業所形態 [%]	オフィス	58.1	51.8	45.5	51.4	53.7	45.0
	飲食店	7.2	7.4	8.9	6.6	5.4	8.5
	ホテル・旅館	1.6	0.5	0.6	0.8	1.9	0.3
	デパート・スーパー	1.3	0.6	2.2	1.2	0.8	1.0
	食品小売	5.9	5.8	8.2	6.4	6.0	7.5
	その他小売	9.4	7.1	10.4	9.3	9.9	10.2
	集会場	1.5	1.4	2.3	2.0	1.2	1.5
	学校	4.0	4.4	4.8	4.4	5.0	5.7
	病院	5.5	3.8	5.2	5.8	5.2	5.6
	食品製造業	1.4	0.9	1.8	1.1	1.6	1.1
	その他製造業	4.1	16.2	10.1	11.1	9.2	13.6
従業員数　合計　[人]		932 563	536 406	135 978	510 399	140 422	83 719
人口（平成 10 年）[人]		1 782 770	1 196 508	456 262	1 010 503	249 440	254 541
従業員数/人口　[－]		0.52	0.45	0.30	0.51	0.56	0.33

4.4 中間処理・埋立の計算（Step 2）

表 4-7 札幌市における事業系ごみの推定

(a) 計算値

	計	焼却	埋立
自己搬入	28 813	5 763	23 050
許可収集	259 672	233 705	25 967
計	288 485	239 467	49 018

（従業員数/人口＝0.52 として計算）

(b) 平成 16 年度実績値

	計	焼却	埋立	RDF 製造
自己搬入	235 371	156 009	66 446	15 062
許可収集	181 284	157 728	3 401	20 155
計	416 655	313 737	69 847	35 217

(c) 実績値補正

	計	焼却	埋立
自己搬入	235 371	165 067	70 304
許可収集	181 284	157 728	3 401
計	288 485	322 795	73 705

（建設廃材等の産業廃棄物を除く）

料としてRDF（ごみ燃料）を製造（一部の木はチップ化）しているが，以下の計算では無視する．表 4-7 (b) の実績値と比較すると，計算値よりも合計が 12.8 万トン多い．これは建設廃材などの産業廃棄物と考えられる．建設廃材などは施設に自己搬入されるので，この実績値と計算値の差（128 170 t）を自己搬入から差し引き，焼却と埋立の割合は実績値のままとして比例配分すると表 4-7 (c) となる．【排出ごみ設定】において，⑥で許可収集の割合を高く，⑦で焼却の割合を高く（特に自己搬入について）なるよう調整することで実績値に近づけるとよい．

4.4 中間処理・埋立の計算（Step 2）

4.2，4.3 で処理施設に搬入されるごみ量が決まるので，次に処理・処分の計算を行う．

（1）処理の計算

1) 【処理オプション】（図 2-10）において，処理施設のパラメータ設定を行う．【排出ごみ設定】（図 2-3，Step 1）で選択した処理施設のみでよい．

2) 資源選別施設における品目別回収量が実績値と一致するよう，【D_Collection】（図 3-17）内の物質回収率を修正する（計算例（1）で推定しており，結果が表 4-2②に示されている）．【詳細出力】に搬出量の内訳が示されており，詳細な組成が必要なら搬入量は【処理方法別ごみ量】，処理残渣および回収量は【処理残渣】に出力されている（4.2 (2)1) の計算の際，これを一緒に行うとよい）．

3) 物質フローの確認
処理残渣を含めた物質フローが【マスフロー図】に出力されるので，実績値と比較す

る．資源選別施設以外の施設については，以降の計算に対する影響は小さいので，デフォルト値を使用する．

(2) ごみ処理システム全体のライフサイクル評価（収集を除く）

1) 【計算結果(表)】(図 2-17)，【計算結果(図)】(図 2-18) に，処理方法別のライフサイクル評価結果が出力される．各施設の詳細は【詳細出力】で確認することができる．2.5 の説明と重複するが
   - 土木・建築のエネルギーとは，それらの建設に投入されたエネルギー（間接投入）である．薬剤等も運転に直接使用するエネルギーではないので，間接投入とする．
   - 電力・燃料は，施設の運転のため直接消費するので，直接投入として区別する．
   - 焼却の消費電力は 使用量 − 発電量，すなわち外部から購入した電力である．
   - 「削減分」とは，資源化・リサイクル（例えば金属回収）によって，その製造に投入されたエネルギーなどが消費されずにすむことを示す．
   - CO_2 は，バイオマス（紙，厨芥など）由来はカウントしないことが国際ルールとなっている（「カーボンニュートラル」という）．バイオマス由来とそれ以外を区別している．
   - 【計算結果(表)】の最下段には，処理ごみトン当たりのコストを示している．

2) 【計算結果(表)】【計算結果(図)】により，現状を理解する．
   コスト，エネルギー消費，CO_2 排出量それぞれについて，どの処理の寄与が大きいか．さらに，その内訳（例えば人件費が大部分など）を考える．ただしこの結果は【D_Common】（図 1-6，図 1-7）の原単位に依存し，原単位自体も基となるデータに伴って変化するため普遍的数値ではない．公表されたデータベースがあるので，それらを用いて適宜修正するとよい．また，資源物等の回収による削減は，回収された時点で原料と等価であると考えている．しかし現実には，回収後に選別・輸送され，最終的に100%利用されるわけではない．したがって，削減効果はかなり高めに計算していると理解してほしい．

3) 処理方法の変更
   【排出ごみ設定】(Step 1) で，分別方法，処理方法を変更してみる．例えば，資源回収の向上，厨芥の資源化，焼却の徹底（残渣すべてを焼却）などによるライフサイクル評価の変化を検討する．

注：人口規模の分割
　　プログラムは，各処理施設を1つだけ持つと仮定している．そのため，100万人の都市で可燃ごみの焼却処理を選択すると，1000トン/日規模の巨大な焼却施設を持つことになる．現実には複数の施設を持つので，現実的な施設規模となるよう人口を50万人（あるいは33万人）とし，ライフサイクル評価値を2倍（あるいは3倍）し，その他の処理と足し合わせる必要がある．その他の施設についても，同様である．
　　また自治体面積が広く，1ヵ所で処理するのが輸送の点で非効率な場合には，やはり複数の施設を持つことがある．このときも，上と同じように自治体を仮想的に分割して計算を行えばよい．施設内の物質収支は施設規模に依存しないので（焼却施設の発電を除く），物質フロー（4.4 (1)）までは人口規模を考慮する必要はない．

4.5 収集輸送の計算（Step 3）

収集は，人口が多ければ収集車台数が増えるだけなので人口規模によらず一度に計算を行う．

1) 【収集オプション】（図 2-13）で，現状の収集条件を入力する．
2) 結果が【詳細出力】（図 2-20）に出力される．各ごみごとの収集車必要台数は，**3.9.1** に示したように，
    - ごみ容積を車両積載容積で割って必要な往復回数を求める．
    - 1回の作業に必要な時間（ごみの積み込み，ステーション間移動，施設までの輸送）を求める．
    - それらを掛け合わせて必要な総時間を求め，一日の作業時間で割る．

   ことで計算する．
3) 収集車両台数の実績値と比較する（ただし，ごみ種ごとに出力される台数には予備車は含んでいない）．計算は，平均的な収集車内密度を用いているが，一日の最後の収集ではごみがないため荷箱が一杯にならずに作業を収集し，実質的な積載率は1より小さくなる．この効果は「一日の作業時間」によって考慮し，輸送距離とともに修正して実績値に近くなるようにする．一日の作業時間は5時間としており，【D_Collection】で設定する．
4) 【詳細出力】には，車両購入費・整備費，人件費，燃料費をもとに収集ごみ1トン当たりのコストを計算している．予備人員，予備車を考慮しているが，清掃事務所の建設費・人件費は含めていない．車両価格，軽油価格，給与は，【D_Common】（図 **1-5**，図 **1-6**），燃費（1 km走行するのに必要な軽油消費量），車両の大きさによる燃費，車両価格の違いは【D_Collection】で修正できる．コストで最も影響するのが給与の設定で，収集作業者，運転手の給与も一般職員と同じとして計算しているため，必要に応じて修正してほしい．
5) 収集方法の変更

   【収集オプション】の
    - 収集頻度，車両積載容積，輸送距離
    - ステーション当たり人口，ステーション間距離

   をそれぞれ変化させ，結果がどの程度変化するかを検討する．後者は，戸別収集ならば両者ともに小さく，アパート群ならば大となる．

計算例（4）

　図 2-13（【収集オプション】）では，中継輸送を行う場合を例として示したので，「中継輸送距離（b）」の距離をすべてゼロとしてから計算を行う．収集車の必要台数を**表 4-8**に示す．計算値は実稼働台数なので，可燃ごみ収集車は**3.9.4**で設定した予備車率（0.12）を掛けると181台となり，実績値とほぼ一致している（ただし，委託車は一台当たりの作業

表 4-8 家庭系ごみ収集車台数

	計算値	実績値	
		市有車	委託車
可燃ごみ（焼却）	162	112	63
不燃ごみ（直接埋立）	17	可燃と共用	30
大型ごみ（破砕）	19		13
資源ごみ	25	28	13
プラスチック		6	33

計算値は実稼働台数（予備車を含まない）
市有車は予備車を含む
委託車は，年間総台数を稼働日数で除して推定（札幌市による）

量が多いので，台数は市有車より少なくなる）．不燃ごみは**表 4-1**④に示したように，実績値よりも少ないごみで計算した．また収集車を可燃ごみと共用しており，その実数は不明である．大型ごみは実績値の 1.7 倍の量（**表 4-1**④）として計算しており，その比を考えれば計算値はおおよそ一致している．資源ごみは計算台数の方が少ないが，【D_Common】（**図 1-3**）で設定した収集時のかさ密度が大きすぎる，車両への重量当たり積み込み時間が大きい（**3.9.1 (1)**の 4)）（それによって施設への往復回数が減少する）などの原因が考えられる．もちろん，施設までの距離の影響が大きいので，自治体の施設設置位置に応じて設定する必要がある．

4.6 処理システムの検討

対象自治体のモデルが出来上がると，以下のような考察を行うことができる．

(1) 分別方法，収集方法の変更

ごみ処理システムのうちで分別と収集は，市民が唯一ごみ処理と接するプロセスであり，「ごみ処理サービス」として最も関心が高い部分である．市民も行政もサービスの向上を求めがちだが，しかし収集頻度，分別数の増加はコストの増加につながり，環境負荷も増加するかもしれない．本プログラムによって以下の事前評価を行うことができる．

① 収集車両の変更（圧縮機能の有無，積載量）
② 収集頻度（収集回数の増加）
③ 輸送距離（搬入先施設の立地場所）
④ 輸送速度（早朝，夜間収集の効果）
⑤ ステーション数，ステーション間距離（ステーション収集と戸別収集）
⑥ 分別数の増加

(2) 処理方法の変更

焼却中心のごみ処理から，資源化を中心とした処理を目指す方向にある．どのような処理が望ましいのかを，コスト，二酸化炭素排出量，エネルギー消費量によって評価する．また，溶融処理によってスラグがどれだけ発生するか，堆肥化処理からの残渣発生量がどれ

だけかなど，物質収支を事前に把握することも重要である．さまざまな処理オプションがあるが，例えば以下のような方法を検討することができる．

－資源化促進シナリオ
  ① 徹底した資源ごみ収集を行う（回収率を向上させる）．
  ② 厨芥を分別し，堆肥化（あるいはメタン発酵）を行う．
  ③ 可燃物をRDFごみとして分別し，ごみ燃料を製造する．

－埋立量削減シナリオ
  ① 可燃物の焼却率を高くする（事業系ごみも焼却する）．
  ② ガス化溶融によって，埋立量を削減する．
  ③ さらに粗大ごみ，不燃ごみ，事業系ごみもガス化溶融する．

プログラムは完全なものではないが，処理システム変更の影響を定量的に示し，資源回収量，コスト，エネルギー消費量，二酸化炭素排出量などの指標のトレードオフ関係をおおよそ理解するのに役立つであろう．さまざまなシナリオの検討を行ってみてほしい．

著者紹介

松藤　敏彦（まつとう　としひこ）

1983 年　北海道大学大学院工学研究科　博士課程修了
同　　年　工学博士
現　　在　北海道大学大学院工学研究科　環境循環システム専攻
　　　　　廃棄物資源工学講座　助教授（廃棄物処分工学研究室）
専　　門　廃棄物工学，環境工学

都市ごみ処理システムの分析・計画・評価
　―マテリアルフロー・LCA 評価プログラム―　　　定価はカバーに表示してあります
2005 年 11 月 20 日　1 版 1 刷　発行　　　　　　ISBN 4-7655-3411-1 C3051

著　者　松　藤　敏　彦
発行者　長　　　滋　彦
発行所　技報堂出版株式会社

〒102-0075　東京都千代田区三番町 8-7
　　　　　　（第 25 興和ビル）

日本書籍出版協会会員　　　　　　　　　電話　営業　（03）（5215）3165
自然科学書協会会員　　　　　　　　　　　　　編集　（03）（5215）3161
工 学 書 協 会 会 員　　　　　　　　　FAX　　　　　（03）（5215）3233
土木・建築書協会会員　　　　　　　　　振替口座　　00140-4-10
Printed in Japan　　　　　　　　　　　http://www.gihodoshuppan.co.jp/

Ⓒ Toshihiko Matsuto, 2005　　　　　　　　装幀　冨澤　崇
　　　　　　　　　　　　　　　　　　　　印刷・製本　三美印刷

落丁・乱丁はお取り替えいたします。
本書の無断複写は，著作権法上での例外を除き，禁じられています。

● 小社刊行図書のご案内 ●

土木用語大辞典	土木学会編 B5・1678頁
電子版 土木用語大辞典	土木学会編 カシオ電子辞書 Ex-word XD-FP6800 本体（50辞書搭載）＋CD-ROM
微生物学辞典	日本微生物学協会編 A5・1406頁
土木工学ハンドブック（第四版）	土木学会編 B5・3000頁
持続可能な廃棄物処理のために ―総合的アプローチとLCAの考え方	松藤敏彦訳 A5・320頁
リサイクル・適正処分のための廃棄物工学の基礎知識	田中信壽編著 A5・228頁
環境安全な廃棄物埋立処分場の建設と管理	田中信壽著 A5・250頁
廃棄物処分場の最終カバー	嘉門雅史監訳 A5・302頁
法に基づく土壌汚染の管理技術	木暮敬二著 A5・296頁
地盤環境の汚染と浄化修復システム	木暮敬二著 A5・260頁
地盤環境工学の新しい視点 ―建設発生土類の有効活用	松尾稔監修 A5・388頁
ガンドシールデザインマニュアル	近藤三二訳 A5・286頁
土の流動化処理工法 ―建設発生土・泥土の再生利用技術	久野悟郎編著 A5・218頁
実務者のための地下水環境モデリング	岡山地下水研究会訳 A5・414頁
コンポスト化技術 ―廃棄物有効利用のテクノロジー	藤田賢二著 A5・208頁
健康と環境の工学	北海道大学衛生工学科編 A5・272頁
地球をまもる小さな生き物たち ―環境微生物とバイオレメディエーション	児玉徹ほか編 B6・248頁
ごみから考えよう都市環境	川口和英著 A5・204頁
環境問題って何だ？	村岡治著 B5・264頁

技報堂出版　TEL 編集 03 (5215) 3161　営業 03 (5215) 3165　FAX 03 (5215) 3233